貓式生活

徹底解讀喵星人的一○○種狀態

猫式生活のすゝめ　猫飼いが知っておきたい100のコト

貓式生活編輯部　編著

加藤由子　審訂

好讀出版

總會
看到貓的
身影

領銜主演：納咕
年紀：八個月大
品種：英國短毛貓
性別：公貓

貓式生活

寫
在
前
面

貓是一種高深莫測的動物。

聰明、喜怒無常、驕傲、膽小、愛撒嬌，還有一點傻……

保留著野生的味道，卻已不知不覺融入人類的生活中。

儘管如此，若我們不朝牠走近，又很難捉摸牠的本性。

當我們走近一步，很可能會看到牠過去從未有過的表情，

或是不同的另一面。

而那一瞬間，在某種層面上，也是貓飼主最幸福的時刻了。

為了讓愛貓人更快樂、更長久地與貓共同生活，以及更貼近貓，

這本書蒐集了很多你不可不知的常識。

無論是已經養了貓，或是未來想養貓的人，

要不要試著擁有一個更親近貓的生活呢？

目次 Contents

貓的不可思議

養了貓之後，腦中經常會出現令人傷神的「？？？」。乍看並不特別的事，仔細思索，有時卻仍得不到答案。在這一章裡，我們就來看看貓的「？」。

001 貓的呼嚕呼嚕

如果你曾經與貓一起生活，應該知道貓會「說話」。牠們的語言是表情、全身的動作、叫聲，還有「呼嚕呼嚕」。相處得越深、越久，對貓豐富的溝通能力肯定越感到著迷。

貓的呼嚕聲會在牠感到舒服、滿足、快樂等時候出現。當貓陶醉地閉上眼睛、發出「呼嚕呼嚕」的聲音時，你將手靠在牠身上，便會感覺到牠從喉嚨到胸口都在振動。沒錯，「呼嚕呼嚕」是一種振動的聲音。

有些貓會大刺刺地發出呼嚕聲，有些貓會「噗噗」地噴出氣息，像手機的震動音。但也有的貓幾乎不會發出聲音，不

過，不妨輕輕地摸摸牠，肯定能感受到牠喉頭的振動。

　　貓的性情、脾氣變化多端，可是無論什麼樣的貓都會向你傳達「好舒服哦」的感覺。

有時牠們也會用「呼嚕呼嚕」來表達心情不安、身體不適等感受。

再多摸摸我嘛

002 貓的耳朵會說話

明剛才還心情很好地讓人撫摸，怎麼一瞬間就「變臉」了？相信大家都很清楚貓的脾氣喜怒無常。按照公認的說法，貓原本就和人或狗不一樣，不屬於群居動物，牠們是單獨生活的動物，因此，「討厭的事就是討厭」這件事沒有轉圜餘地。

當然，貓會明確告訴你，牠不喜歡的事。最一目了然的是「耳朵」，當牠的耳朵倏地轉向旁邊，就是「討厭」的信號。例如，不想被摸的時候，僅僅只是叫喚牠，牠都會用耳朵「拒絕」你。很多愛貓人明知如此，還是忍不住出手，結果留下慘痛的回憶。

耳朵除了帶有討厭之意，也會轉向所注意的方向，告訴你：「我在聽哦！」如果耳朵沒轉向你，表示貓不理會你。請重新討好貓大人吧。至於耳朵往後俯低，通常是相當害怕的時候。攻擊時也會俯下耳朵，這種時候要小心，不要摸牠或抱牠。

前後左右都在注意的耳朵。

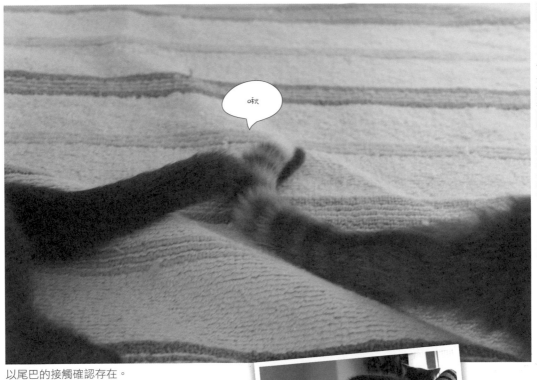

啾

以尾巴的接觸確認存在。

003 貓的尾巴也會說話

貓 尾巴有時會使勁地擺動，或是拍打地面。狗高興的時候也會搖尾巴，但貓擺動尾巴時，卻很明確地讓人感受到牠在焦慮。

輕輕拍動尾巴末端，是表示「心不在焉的回答」。例如，主人叫牠時，若尾巴輕拍末端，不妨解釋為隨便的敷衍：「好啦好啦，我聽到了，等會兒嘛。」

看到貓筆直地豎起尾巴，朝自己走來，主人的愛貓模式也會立刻啟動；這是貓想撒嬌、感興趣，或想吃飯時的「哼歌心情」。不過，尾巴的毛若是張開倒立，牠想表達的就是威嚇、緊張和害怕了。

004 貓會認「家」嗎？

愛上貓的魅力之後，常有人告訴我「狗認主人，貓認家」，也就是「貓不認人，而是認屋子」。這種說法的真偽如何，其實已經不再重要。因為現在，室內養貓已成主流，貓到底認的是「家」還是「人」，已然難以分辨。

只不過與狗相比，貓的性格的確比較自由隨性。狗是那種與人一起生活、依賴人類的動物，貓卻是一種利用人類的動物，換句話說，牠們是那種不自覺便把眼睛長在頭頂上的動物。話雖如此，貓也會把人類當成母親，不時靠過來撒嬌，令人

貓會尋找屬於自己的安心空間。

好氣又好笑；不知不覺中，我們會很樂於看到牠來「向我們撒嬌」。

此外，貓是一種有「安全範圍」的動物，牠們的領域意識很強，但區域並不大。有個可以安心睡覺、有豐富食物和飲水的地點，對貓來說就是最棒的「安全範圍」，也等於「家」。本來光是這樣，牠們就能心滿意足，倘若在隨心所欲、任意而為的範圍裡，還有人類疼愛、照顧，那就更沒意見了。

005 貓往高處爬

上 面、上面——那裡有什麼呢？貓總是不斷地想「征服」家裡的高處。從椅子到桌子、箱子到櫃子，最後是窗簾軌……貓的生活一向依隨己心，所以哪天興致一來，就可能爬到從沒去過的高處，嚇壞主人。

身在高處，貓滿足於自己所在的安全範圍，或俯視人類，或悠哉地睡個午覺。看到牠居高臨下的身影，不由得要提醒自己「該把灰塵擦一擦，打掃乾淨了」，於是和貓一起生活、做家務，兩者都能兼顧得很順利。

家貓的祖先是利比亞山貓（Libyan cat），由於牠們仍殘留著野外生活的稟性，因而跳到櫃子上就像在樹上一樣舒適，跳到窗簾軌上則有在樹枝間巡邏的味道。利比亞山貓早在古埃及時代就與人類一起生活，據說牠們的子孫家貓是在奈良時代傳進日本的。

有時最拿手的跳躍也會失敗。

006 貓喜歡窄小的地方

「咦，牠要去哪兒呢？」貓咪玩起躲貓貓，經常令人興奮又期待。

貓待在窄小陰暗的地方會感到安心，在這樣的地方休息恐怕是野生時期留下的影響。話雖如此，牠們也會在房間正中央大剌剌地仰臥或睡覺，全視心情決定。

貓的身體柔軟，就算是僅僅幾公分的縫隙，牠都能通過，因此很可能會躲在飼主意想不到的地方。房間的角落、床底下、櫥櫃這些地方都很稀鬆平常，甚至還會趁人不注意時閃進家具底下的小縫隙、抽屜裡。

況且，貓本來就有「生病或受傷時會躲起來」的習性，飼主只能不時地在家裡到處找貓，直到好不容易在黑暗中發現兩顆閃閃發光的眼睛，內心才如釋重負。只要不是危險的場所，就讓牠們待到心滿意足為止吧。

放心了

【喃咕自言自語】門的下面如果有縫，我一定毫不猶豫地將它奪下。

發現躲藏處！

不管是哪裡，貓都想躲躲看。

說不定打算整隻躲進去。

007 當貓遇到木天蓼

一臉陶醉地走路蹣跚，趴倒在地扭來扭去，或是興奮地衝刺短跑……儘管程度和狀況不一，不過絕大多數的貓遇到「木天蓼」這種植物，就會有如喝醉酒一般，連同屬貓科動物的獅子、老虎也難敵它的魅力。

木天蓼是一種藤蔓植物，在日本有一種說法，認為吃了它的果實就能「再去旅行」，這正是它matatabi（再旅行）這個名字的由來。但，貓並沒有吃它，而是對它的氣味有反應。人類的確會有「想看平時道貌岸然的貓，酒醉失態」的心理，不過，無論是貓或人，還是適度地「微醺」就好。

只要是木天蓼，無論是樹枝、果實、葉片，或磨成粉末狀，貓都一樣喜愛。

我扭

醉了

現代版的「貓飯」──在貓罐頭上，灑入柴魚片。

OO8 當貓遇上柴魚片

日本俗話中，將白飯撒上柴魚片叫做「貓飯」、不好吃的魚叫做「貓不理」。但貓愛吃魚的印象，其實是因為日本人愛吃魚。

貓原本是獵取老鼠或小鳥來食用，但在日本，人們習慣吃魚，因此在人類周圍生活的貓，也變得習慣吃魚了。尤其是香味誘人的柴魚片，這可是貓最愛的其中一款零食，不過，最好準備低鹽的貓用柴魚片給貓吃。

009 思考貓的眼睛與鬍鬚

凝視貓的臉，想伸手摸摸那可愛的表情時，卻吃了一記結實的貓拳，這對養貓人來說算是兵家常事。這種時候，貓的表情應該是瞳孔大開（黑瞳仁變大），鬍鬚朝著你的手張開，處於「狩獵模式」——ＯＮ的狀態。

貓在暗處或盯上獵物時會將瞳孔調大，在明亮處會將瞳孔調小，如同月亮圓缺般自動變化大小。

除了瞳孔，鬍鬚也是貓的另一個魅力重點。牠們嘴巴周圍和眼睛上方的鬍鬚，不僅能察覺細微的動態，甚至能掌握濕度和氣壓變化。此外，貓還能用這鬍鬚，即時測量自己可以通過的任何縫隙。

清楚的視力範圍為2～6公尺，視野則有90～120度以上。

肉球的軟Q質感，令人難以抗拒。

010 貓的肉球

粉紅肉球、暗紅肉球、黑色肉球……令人難以抗拒的軟Q肉球，不僅能幫助貓腳減緩受到衝擊，還能止滑，更能無聲行走。它的功能和療癒效果不容小覷。

貓的腳十分靈活，可將物體壓住、翻轉、抓住。會自己開門的貓並不稀奇，但有人說，貓如果連關門都會，一定是妖貓。這種迷信似乎也令人頗能認同。

011 貓為什麼沒有臭味？

閉著眼睛、專心一意地梳理毛髮，有時為了舔到末端的毛還會伸長舌頭，而後忘了收回，吊在嘴巴外，這真是讓人百看不厭。

貓沒有體臭，是因牠們會用自己粗糙的舌頭舔遍全身，除去每天身體的髒污和落毛。這可能是從野外狩獵時代承襲而來的習性，貓會盡可能不留下身體的味道，結果造就了牠們的美德。

貓也討厭身上有臭味，因此與人接觸後理毛、吃飯後理毛，是牠們本能地想消除身體異味的行為。但看到貓接觸了人之後便開始理毛，可能會讓人心情複雜吧……

貓的舌頭就像一支細刷子，被它舔到總是癢兮兮的。

此外，我們說的「貓兒洗臉」，也是
理毛的一種；而且就算不是下雨前，也可
看見牠們勤奮洗臉的樣子（譯注：日本俗諺
有云，貓兒洗臉要下雨）。保持全身乾淨，
是貓兒健康的指標。

我要
清乾淨～喵

012 貓與盒子、袋子的關係

「貓」→看到盒子→進入」這種關連性，即使將「盒子」置換成「袋子」也能成立。

好奇心旺盛的貓，一旦看到盒子或袋子就會蠢蠢欲動，想進去探個究竟。牠們會檢查裡面的東西、氣味、聲音等等，然後突然跳出來。但也可能讓盒子或袋子緊緊包住自己的身體，暫時在裡頭待上一會兒。

有時出門前，發現貓躲在皮包裡，會帶給人愉快的驚喜。

紙袋的提把很可能會纏住貓的脖子，十分危險，應小心意外。

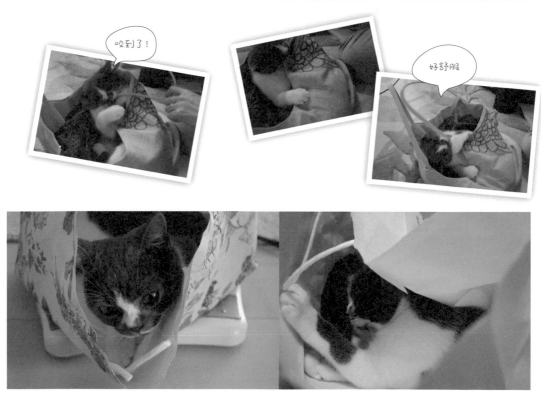

013 貓整天都在睡

貓 睡覺的時間很長，據說這是日本把貓叫做「愛睡仔」的由來。貓一天有三分之二的時間都在睡覺，不過其實睡得很淺，這是從前需要運用瞬間爆發力追捕獵物的牠們，所遺留下來的習性。

牠們在睡眠中還會不時抖動，很可能是在做開心的夢吧。「愛睡貓」的姿勢千奇百怪，有時蜷曲成一團，有時摺腳坐著，有時仰躺伸展。

如此舒服暢快的睡姿，讓人看了也跟著打起瞌睡來。這也難怪，因為愛睡貓出沒的地點，都是暖和的向陽處、涼快的陰影下，全是家裡最舒適的位置。

歡迎進入幸福的沉睡之國。

014 貓愛偷看浴室

貓 不喜歡受到過分呵護，也討厭被冷淡不理。當人走進浴室時，牠們會在好奇心的驅使下跑來偷看。

儘管討厭弄濕，但又對流動的水大感興趣，也想喝喝溫熱的水⋯⋯這種每走一步就要停下來舔舔腳的模樣，著實讓人忍俊不禁。但是，來到浴室有溺水的危險，因此浴缸裡若放了水，千萬別讓貓單獨進入浴室。

不過，最意想不到的危險，其實是浴室的小凳子——貓腳一不留神踩進凳子的小洞，很可能會拔不出來。另外，尤其要注意的是，別讓小貓吃到肥皂、洗髮精、洗衣精等用品。

開著小窗的浴室，
是貓兒們熱天時的休憩點。

015 貓兒會洩憤嗎？

當 貓表示「要不要一起玩」、「肚子餓了」時，不巧，主人正在講一通很長的電話，這種時候貓很可能會越叫越大聲，不是衝到電話旁邊來，就是在不可以亂咬的地方開始用力磨爪子⋯⋯，看到毛孩子做出這種動作，讓人忍不住要懷疑，貓會「洩憤」嗎？

貓兒露出「我快生氣嘍」的表情盯著你瞧，然後隨意把東西掃到地上，跳到平時不會上去的桌子，做出種種「平時如果這樣，一定會被罵」的行為時，只能認為牠是故意挑釁，當然也表示牠想向人類訴說些什麼。

但貓只是想告訴人類「要多關注

遇到不如意事看似過目即忘，但其實都記在心底？

看我貓山壓頂！

我」，並沒有懷著「洩憤」這種負面想法。只是從人們的眼光來看，像是在洩憤出氣罷了。

016 漫談貓的毛色與尾巴

貓有多種毛色和紋路，黑、白、咖啡、灰等毛色，然後是咖啡白、黑白等顏色的組合，再配上條紋的有無、濃淡的程度等等，變化之豐富令人咋舌。

從前，以愛貓著稱的浮世繪師歌川國芳，曾經畫出五十三種不同毛色或花紋的貓。請實際觀察一下在街頭遇到的野貓，你應該會發現各種毛色和花紋，真箇是各色各樣。

就因為貓兒身上有這麼多毛色和紋路的可能，關於貓的毛色雜談也特別多。從「三色貓少有公貓」等主流話題，到「各種花色中，又以深褐條紋貓最接近野生貓」，以及「沒有紋路的素色，只有黑白兩種」、「日本原有的貓，沒有灰色的毛色基因」、「奈良時代，已經有黑貓存在的記錄」……話題多不勝數。

而關於尾巴，科學家們進行過幾種

研究。有些貓的尾巴又長又直，有的貓則是短尾巴，在日本各地到處都能見到這兩種貓。但各地區貓兒尾巴形狀的比例本來應該並不相同，像是與西日本相比，越往北走，越能看到拉著長尾巴的貓。順道一提，一海之隔的沖繩，長尾巴貓的比例比九州高。

外的事實哦！

　　話雖如此，貓的世界裡仍有不少謎題待解。細細觀察住家附近昂首闊步的貓，調查有哪些種類，說不定能發現意

與貓共處

2

與貓共處，指的是在生活中如何與貓「妥協」地過日子。不像狗，貓是一種很難教養的動物，但也有牠能與人類共處的獨特部分。因此，為貓煩惱的同時，也能相對地擁有與貓親近的生活。

017 外貓？家貓？

養貓的第一個煩惱是——該讓牠自由外出，還是關在家中？

如果是從寵物店買來的幼貓，牠可能完全不懂外面的世界，建議你不用遲疑，完全養在家裡就行了。不了解外面的世界，應該不會那麼想出門，而且也沒有必要勉強去到非自己領域的世界，牠應該對家裡的世界就十分滿足了。

萬一貓真的露出對外面世界很感興趣的模樣，不妨稍微嚇嚇牠（像是想到外頭去，就用物品發出巨響），讓貓以為「出去外面就會發生可怕的事」。

比較有問題的是，那些已經了解外面世界的貓。不想出外的貓沒有什麼問題，但如果牠想出去，那就得費點功夫了。

當然，如果讓牠自由進出，問題便能簡單解決，可是去到外面的世界很可能會有交通意外，和其他野貓打架等各種煩惱。一旦感染了貓白血病或貓愛滋，也有演變成重大疾病之虞——有幾種危及性命

的感染疾病，只要和其他的貓接觸，便很容易感染到。

　　最令人煩惱的還是——如果讓貓自由進出，則天天都會提心吊膽，萬一有一天牠沒回來怎麼辦？在外面是否平安？當然，飼養模式人人不同，一個負責任的飼主，最好是把牠當成家貓，不要讓牠外出，才能過著人貓都安心的生活；儘管，把愛出門的野生派貓兒關在屋子裡，內心總會有點罪惡感。建議你不妨和家人、也和貓商量一下，盡量不要讓牠外出。

好想出去
看看哦

018 貓怕生

貓是一種比狗更具野性的動物——也許我這樣說有語病，當然得視貓而定，不能一概而論。然而，膽小害羞的貓比較多見，因此客人來的時候（或者儘管是家人），只要牠覺得「這個人有點討厭……」，就會躲起來不見蹤影，這種狀況非常常見。

讓還不太有警戒心的幼貓，從小就習慣外人的存在，牠的態度會比較大方。若是飼養已經長大了的貓，牠便只會出現在

自己信任的人面前，這是非常符合貓性格的行為。無論牠怎麼跟你撒嬌、躺在地上滾，但只要有陌生人靠近，就會倏地躲起來，直到對方離去、動靜完全消失為止。有時，牠會「哈！」一聲採取冷不防的威嚇，這是貓無處可躲時的行為。

但，害羞的貓也並不是沒有可能習慣陌生人。很可能某一天，當外人待在客廳的時候，牠會若無其事地現身，又或者戰戰兢兢地悄悄靠近；可是，需要花多少時間才能有這種進步，全看貓來決定。請努力相信，目前自己家中天天害羞神隱的貓，經過幾年之後，也願意和所有的人來個全家團圓，因此請繼續好好地疼愛牠吧。

什麼事？

019 貓對廁所的講究

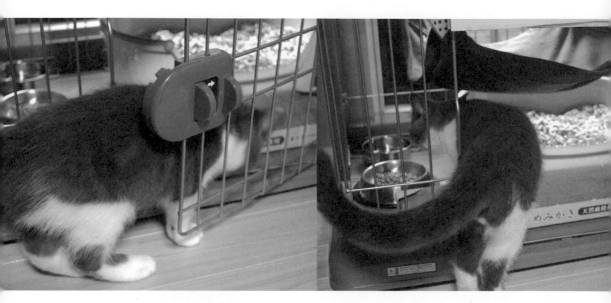

很多貓「對於廁所十分講究」。牠們愛乾淨，有的貓堅持「用過一次後，若不清理就不想再上」，也有的貓宣告「我討厭這種貓砂」。貓廁所對貓主人而言，也是煩惱的來源之一。

貓與狗有個很大的不同點，讓貓學習如何使用廁所一點兒也不難——把貓帶到貓廁所旁，挖砂給牠看，牠會自然而然地在那裡便便，立竿見影；之後就隨便牠去上廁所了，完全不用費心。很多貓主人應該都有這種經驗。

但接下來才是問題所在。沒錯，不同於很容易學會使用貓廁所這件事，貓對

廁所的講究，以及廁所衍生出的問題也很多。最初，貓是獵人性格，牠不喜歡留下自己的氣味，而最容易留下自己氣味的地方就是廁所，這可能就是貓對廁所絕不讓步的原因。

　　不過，貓一旦開始鬧彆扭，加上原本的性格就很頑固，就會完全不肯妥協。這種頑固的貓也許會採取拒用廁所的模式，把屎尿拉在別的地方，表示本大爺「也沒辦法」。最極端的情形是「不想使用已經弄髒的廁所」→「忍耐到換砂為止」→「引發膀胱炎或尿毒症」，演變成危害健康的事態。

O2O 有關磨爪、牆壁和籠子

常 聽說貓在牆壁磨爪子，弄得牆壁斑駁不堪，或是把漂亮的籐籃抓得慘不忍睹。這種慘事要怎麼樣才能有效預防呢？

我們先來想想，貓為什麼要磨爪子？一是貓爪構造的問題。貓的爪子是由數片薄爪重疊在一起，磨爪子的動作有助去除像殼一般變舊的表面，而能長出新的爪。爪子對貓而言，是十分重要的餬口工具，當然得好好修整。因此，牠每天都要磨磨自己的爪子。

此外，心情好、受到挫折、飽餐一頓等情緒有點變化時，貓也會經常藉著磨爪子平靜心情，紓解壓力。還有，磨爪也是

貓做記號的一種方式；當牠要主張自己的領土時，便會用力地磨爪。

總之，對貓而言，磨爪是一天必要的功課，不可能叫牠改掉。這時，我們人類就必須發揮智慧，讓牠不會在教人傷腦筋的地方磨爪。

就方法來說，便是推薦更舒服的磨爪設備給貓兒。對貓而言，如果有更舒適的磨爪器，當然就沒有必要把牆壁或家具抓得坑坑巴巴。現在市面上有很多以瓦楞紙箱、麻繩等各種素材製成的磨爪器，你不妨讓貓多多嘗試哪種磨爪器比較紮實。

還有，磨爪器不是買來放著就好。有些貓喜歡用後腳站立，用力抓刮，這種時候如果能把磨爪器立在他們經常磨爪的位置，加以固定，貓應該就會在磨爪器磨爪，而不是牆壁了。

但就算不磨爪子，只是跑來跑去，或多或少還是會留下貓的爪痕，這種時候只好睜隻眼閉隻眼，放棄追究，算了。這種心情，或許也是與貓和平相處的其中一種方法哦。

021 熱天的貓

貓 的祖先是生活在沙漠的利比亞山貓，不知道是不是這個因素，很多貓好像都比較怕冷而不怕熱。話雖如此，天氣熱時，絕大多數的貓還是會露出「熱死了」的表情，連動都懶得動，看來牠們還是會覺得熱吧。

可是一旦打開冷氣，不知何時，貓兒便不見了蹤影，到處找尋，只見牠躲在沒有冷氣的房間，照例露出「熱死了」的表情在睡覺。我們以為，如果怕熱，到涼快的地方去就行啦；可是貓有貓的想法，不知為何，很多貓都堅持待在燠熱的房間表現出「熱死了」的態度。

儘管如此，我們還是要小心別讓貓中暑。貓雖比狗耐熱，但主人若外出、把貓留在熱烘烘的房間時，務必打開冷氣或開窗；小心，別因熱氣蒸悶而導致貓中暑。

如果你的貓怕冷氣，只要能讓牠隨意進出有冷氣和沒冷氣的房間，牠就會自己找到舒服的空間了。

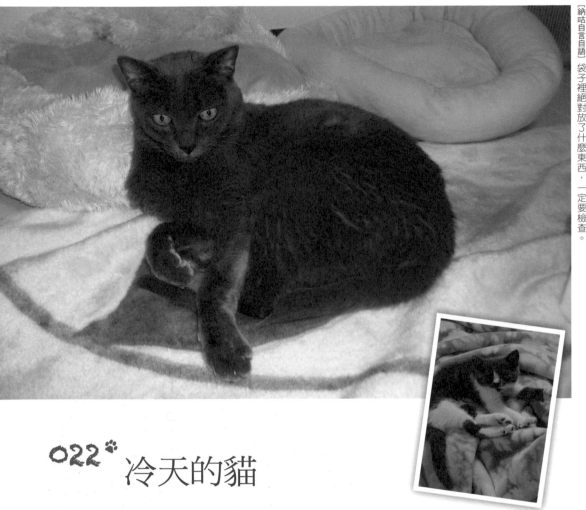

022 冷天的貓

貓 基本上都很怕冷，因此到了冬季，白天牠們會找有陽光的地方或暖爐取暖，夜晚則躲在棉被或暖和的地方。

但不知你有沒有發現，貓可能還是覺得棉被裡有點熱（尤其是年輕的貓），因此大多數都直接躺在棉被上。棉被上的貓實在是個麻煩——我們睡在被窩裡時，貓的重量不是讓被子滑開，就是直接躺在人身上來個「鬼壓床」，弄得人一夜都睡不安穩。

但是，貓不會在意這種事，你把牠趕走，待會兒牠又像重石一樣坐到棉被上來。家裡如果有兩隻以上的貓，只要稍一輕忽，棉被上便會四處都是貓了；到時，整夜都會被牠們纏住。

023 夜間運動會

貓是夜行性動物，到了夜晚，牠們便活力十足；這部分，我想大家都知道，腦袋也能理解。

可是實際上，每到夜闌人靜、貓運動會開始時，你不是被剝奪了睡眠時間，就是擔心貓的腳步聲會不會吵到樓下，而不由得煩躁了起來。

如果罵牠，正處在興奮狀態下橫衝直撞的貓，根本把你的話當耳邊風，繼續豎著尾巴到處跑；甚至有時候，還會誤以為你要跟牠玩，把手或腳朝你揮過來呢。

夜間運動會對貓來說，是釋放多餘能量、或消除累積壓力（？）的方式，因此哪裡是主人叫停，就能停得下來的！那麼，有什麼對策可以解決這個問題呢？這裡提供幾種消極的解決方法──

① 白天不要讓貓一直睡覺。
② 睡前跟貓好好玩一頓，讓牠疲倦。
③ 把牠趕出臥室。

吵死了！

　　貓平時只要沒有什麼事，白天都在睡覺。尤其是在飼主白天幾乎不在家的家庭，貓因為太無聊，便以睡覺打發白晝時光，飼主回來後才會有「哦，該起床了！」的意識。如果能讓牠在白天醒著，夜晚睡覺，也就不會開運動大會了。

　　倘若飼主早上沒有辦法陪貓玩，不妨在晚上睡覺前陪貓玩一陣子，提前舉行運動會，這樣會很有效。只是這種時候，貓很可能會越玩越開心，最後演變成大運動會也不一定。

　　第三個方法「將牠趕出臥室」，很可能會造成反效果，像是貓兒不斷鳴叫著「放我進去！」或是反覆抓門，反而更讓人睡不著。簡單來說，貓的運動會並不是那麼容易能阻止得了。

　　但隨著貓的年齡漸長，開運動會的次數也會減少，到後來都不太舉行了，那時候想起「從前玩得那麼瘋，現在都……」，也會感到有些寂寞呢。對，在某種層面上，夜間運動會是貓兒年輕的象徵，因此能否對牠們睜隻眼閉隻眼呢？

024 如何尋找逃跑的貓？

這一章最剛開始曾經介紹外貓與家貓的不同，而如果將牠們完全飼養在室內有時會出現問題，那就是——如果貓逃走時，該怎麼辦。

若是平時經常跑到外面世界的貓，應該知道外頭是怎麼回事。對於車子等危險狀況，牠們也已知道，因此懂得閃避。但第一次跑到外面世界的貓，幾乎百分之九十九會出現恐慌，雖然牠們有可能自己找到路回家，但最好不要過度期待，還是儘早找到貓才好。

貓逃家的時間若還不太久，出於對環境變化的恐懼，往往不會離家太遠，幾乎都是躲在家裡附近可以隱身的場所。第一步，先在住家四周叫喚牠的名字，尋找一下。牠們害怕的時候可能會沒有反應，可是一旦聽見牠們的回答，循聲尋找那附近貓可躲藏的空間，用手電筒照明陰暗處，便可能因貓的眼睛能反射光線而很容易發現牠。

但即使順利發現了貓，接下來才是決勝負的關鍵。由於貓本身也很害怕，如果你一時緊張想抓牠，卻被牠逃走，再想抓到牠可是比登天還難。為了盡可能不那麼匆忙捕捉，必須先做點準備，要準備的物品有——

① 貓愛吃的食物或玩具。

② 被單、毛巾或袋狀的布。

③ 盡可能有人支援。

　　準備齊全之後，展開任務。首先用貓愛吃的食物或玩具引誘牠。一開始先保持一段距離，然後再漸漸靠近。等貓稍微鬆弛警戒心，主動靠近你，再捕獲牠。此時，如果有人支援你堵住貓的逃走路線，或是吸引貓的注意，在很多狀況下都會較為方便。

　　你得緊緊把貓抓住。抓到牠時，貓會驚慌扭動、胡亂掙扎，想全力逃走。貓想脫逃時的滑溜與力氣，絕非你可想像。等發現時，才注意到自己的手腳已經被貓爪抓得傷痕累累，或是被踢得淤青，這都是家常便飯。因此遇到這種狀況，不妨用被單或毛巾把貓包住。尤其是袋狀的布巾，開口大，能敏捷地直接將牠包起，十分方便。只要成功抓到貓，自然可以放開牠，結束任務。

　　至於不知道貓何時逃走、也不知牠跑到哪裡去，又該怎麼辦才好？當然，還是先在附近找一遍。但經過好一段時間，判斷貓可能已經習慣外在環境，離開了躲藏地點，如果是這樣，張貼尋貓啟事或多

或少會有些作用。將自己的聯絡方式和貓的特徵等寫在啟事上，發布給周圍住戶，若有人發現貓便能通知你。只是，這種方式會造成個人資料外洩，因此請自行判斷要發布到什麼程度。此外，也可通報收容所、動物管理中心等政府保護設施、派出所，靜候聯絡。如果要在外張貼啟事，需徵得相關同意後再行張貼。

　　此外，貓也很可能逃到隔壁人家的屋子裡，此時當然不可擅自進入。儘管可以理解你焦急的心情，但最好還是向對方仔細說明原因後，再請求入內尋找捕捉。

025 貓的食物

貓是一種追求自由隨性的動物，連吃飯的方式也是一樣。有些貓也許喜歡一口氣把飯吃完，也有些貓只在牠們想吃的時候每次吃一點點。當然，如果牠不是家中的「獨生貓」，拖拖拉拉吃太慢，就會被其他的貓以為「欸，你不吃啦？」而吃掉。

供食的時候若已計算過適當分量，可是家裡有的貓圓滾滾，有的瘦巴巴，就表示很可能有偷吃賊出現。成長期的幼貓、一歲以上的成貓、七歲以上的老貓，每種時期所需的熱量都不同，請立刻思考解決的辦法哦。

含有蛋白質、脂肪、礦物質、維生素、碳水化合物等配合貓必須攝取的營養，這種食物稱為「綜合營養飼料」。此外，也得補充充分的水，並每天為貓兒更換。

食物有許多種類，除了乾食和濕食、配合生長歲數的分別之外，也有考慮照顧牙齒、皮膚、排出毛球，以及減肥用的飼料。有時，動物醫院也會視貓的胃腸強弱，有沒有尿道、腎臟或肝臟疾病、糖尿病等等，建議「特別療法的飲食」。

儘管食物的包裝上寫了「一般用」、「營養補充食品」、「副食」等字樣，再怎麼說都只是點心或點綴用，餵貓時可別超出了熱量範圍。要特別注意的是，為貓

的飲食量和食材把關的人，是飼主，貓自己不能選擇，因此在食物管理上務必謹慎小心。

　　像是魚、肉、蛋黃、起司、優格、取代貓草的生菜等等，也可使用人類的食材（但有些食物絕對不可以讓貓吃），當作貓的零食或點心。如果有雙眼睛一直從餐桌下瞪著你，也只好請牠多包涵了。

026 公貓派？母貓派？

總是隨性自由過生活的貓兒，也有著各式各樣的性格，淘氣、鬼靈精、膽小、害羞、愛撒嬌……甚至可以說每隻貓都具備這所有的面貌。就如牠一雙貓眼滴溜溜地轉，貓每天都會視當下心情來愚弄擺布人類。

正因每隻貓都擁有多變的面向，公貓和母貓的差別大概只有身體結構吧。和人一樣，貓也是十貓十個樣。

話雖如此，如果想和貓一起生活，考慮選男生還是女生，倒也是個滿有趣的煩惱。畢竟每隻貓的性格差異很大，很難區分出「這是母貓特有的、那是公貓特有的」，但若真要說公母貓的特徵，公貓在喜怒哀樂的表現上也許較為明顯。

公貓想撒嬌時就黏過來，滾來滾去地發出示好的訊息；若心情不好，便揮動尾巴，散放出不愉快的氛圍。這才見牠豎直尾巴，威風凜凜地邁步，眨眼間便突然飛躍失敗，摔到地上……身為「百獸之王」獅子的親戚，貓無疑是「家中之王」；不過，不時以小失誤裝萌的「小蠢蛋」是公貓的基本路線，大多會給人一種與「本大爺」兼「小毛頭」相處的感覺。

而如果是母貓，也許多半在「小惡魔」型和「模範生」型之間遊走。牠會用神祕的眼神向你請求「撫摸我」或是「別煩我」、「幫我梳梳毛」……若誤解了牠的意思，小心吃拳頭，這便是為什麼經常聽母貓飼主說「性格『恰北北』的很多」。

悄悄跟蹤、低調靠近，或是使出「專

屬於你」式的誘惑等等……善用小伎倆的母貓會迷倒許多吃這一套的愛貓人。至於站姿，當然是優雅的「公主」式。一般人經常說女生的警戒心比較強，但也有不少「豪氣女俠」。而且令人意外的是，平時脾氣壞、好奇心旺盛，但在緊急時刻顯得從容不迫的，通常都是母貓。

在此聲明一點，前面提到的大多是避孕或去了勢的貓。沒去勢的公貓，很多都頗具性格粗暴的「王者」或凶神惡煞的「大哥」氣質。

總之，貓的性格高深莫測，無論是公貓或母貓，只要你滿懷愛心地好生伺候，牠們就會展現出更多面向給你看。

027 迎接野貓的到來

各位養貓的朋友，你家的貓是從什麼地方來的？來源大略區分，可分為——一、寵物店或養殖場；二、向親戚或好友要來的；三、撿到或自己跑上門的……等等。好，我們就來談談第二或第三種狀況，若是如此（尤其是第三種狀況），則那些貓原本幾乎都是野貓。

因此，在迎接野貓時，首要重點就是健康檢查。貓從小生活在野外，身上很可能會有傷或種種疾病，儘管某些疾病沒有發作，身體仍帶有病原；因而即使外表看起來健康，還是有必要送到獸醫那裡檢查。此外，貓的身上也會有跳蚤或蟎，甚至還有蛔蟲和條蟲，千萬別忘記檢查。

健康檢查之後，第二步就是幫貓準備貓砂，並且告訴牠貓砂的所在地點，否則牠很可能自行找個你意想不到的地方，決定「我要在這裡上廁所」，這點需特別注意。同樣地，也應該先準備貓抓板，然後

將木天蓼的粉末等撒在貓抓板上，誘導牠認識磨爪的地方。

此外，也需好好觀察這隻貓的動向。牠如何行動，有什麼喜好，愛吃什麼食物，會不會想外出，睡覺時喜歡睡在哪裡等等……仔細觀察之後，掌握有可能衍生問題的種種毛病。

最後，還要牢記一點——結紮手術。平時，就算是一般的貓進入發情期，也會發出驚人的叫聲，或是到處噴尿、留下氣味，做出許多傷腦筋的行為。

因此，如果要在家裡養貓、但不想讓牠繁殖，務必帶牠去結紮。做完健康檢查後，與獸醫討論適當的時機，在發情期出現前儘早進行手術，對人貓彼此都好。

O28 家裡的第二隻貓

當你開始養貓之後，有想過再養一隻嗎？當然，把一隻貓照顧好就已經是件辛苦的事了，畢竟我們得對牠的一輩子負起責任，很可能會認為怎能隨隨便便考慮要不要再養一隻！在此，我們是以家裡有養兩隻貓的能力為前提（經濟上、時間上都包含在內），來談這個主題。

首先，談談養一隻貓與養多隻貓的不同之處。養一隻貓時，只有「貓與人的世界」，而養多隻貓時，則會產生「貓與貓的世界」。以前只黏人的貓，因有了同類的玩伴，一起玩耍的時間增加，飼主很可能會出現寂寞、有點不滿足的狀態。此外，貓有了同伴一起玩耍，增加了刺激，或多或少可減少運動量不夠的問題。最難得的是，貓也許會展現出以前從未有過的自我特性；不過，這是指貓與同伴處得好的狀況。

迎接第二隻貓，便意味著要讓新的貓進入第一隻貓的領域之內，原住貓與新住貓之間發生戰鬥的狀況並不少見。最傷腦筋的是，絕大多數的貓並非只在最剛開始彼此劍拔弩張、表現出激烈反應，問題在於經過一段時間後，依舊互相水火不容、無法同住一個屋簷下。

當兩隻貓合不來的時候該怎麼辦？這個問題，是你迎接第二隻貓前，所必須好好思考的。如果牠們合得來，則也許兩貓一同迎送主人的完美場面，就在不久後等待著你。

029 小貓來我家的 第一個星期

任何人都不會忘記，與小小貓的初次見面。

小貓到來之前

迎接小貓──這意味著我們要和不同於人類的「貓」一起生活，以及要對「小貓」的生活、與「小貓」共處負起責任；同時也表示，我們要迎接一位新的「家人」。

在初次見面、開始一同生活之前，如果時間允許，為了讓彼此過得更愉快，希望你盡可能事先做些準備。不妨先對與小貓一起生活做點想像，既可調適心理，也能享受手邊的準備工作。

貓也是「活生生的動物」，跟人類一樣有想法、有習慣，只是不會使用人類的語言。偶爾，牠會在你不允許的地方磨爪了，跑進你不希望牠進去的地方做出意想不到的舉動。

準備工作不需要做得太過細緻，抱著豁達的心情就行了，告訴自己「不可能做到『萬全的準備』」，然後再跟即將入住的小貓打個商量吧。

[把空隙堵住]

電視櫃下方有很多電線，小貓若鑽進去很容易發生危險，因此可用籃子擋住。籃子裡，可以放些貓飼料或浴廁用具。

[地板]

為了保護木質地板不要被刮壞或被貓尿浸透，不妨在家具大賣場買些拼花地毯，或是對生活空間較經濟實惠的素材，換掉小貓住屋附近的地板。最好選擇有隔音效果、貓毛不易附著的短毛地毯。

[廚房]

廚房裡有許多危險物品，因此請將它設為「禁貓區」。不妨在網路上購買活動式布門，連同鐵網一起組合，做成「不能進來哦」的警示。

[電線類]

電線類要盡可能沿著牆壁加以隱藏、掩蓋。把容易翻倒、不能放進嘴裡的物品盡可能藏起來，是為第一要務。

貓兒若無其事地確認飼料、飲水、廁所的狀態。

DAY 1

對小貓而言，這一天真的是「初體驗」的日子。第一次進入貓提籠，離開，然後來到新家。不習慣的氣味、說話聲音、各種聲音。

如果可以，最好在休假日的上午接牠回家，也可讓小貓有較長的時間思考「這是哪裡？你是誰？」。此外，還不會使用廁所的小貓，如果出現扭捏不安、不斷嗅聞地板，或是前腳做出挖土的上廁所動作，就趕緊把牠輕輕地放到貓砂盆裡。

••• 貓的必需品 •••

［提籠］

帶貓回家就得用到，此外，去動物醫院等等外出時刻也有需要。如果能選擇小貓喜歡、甚至把它當成家的籠子，之後也可減緩帶牠外出時的壓力。

［餐具、食物、水］

準備清潔的餐具，以及幼貓用飼料、新鮮的水。到家之後，牠若能先吃點食物、喝水，心情會比較安定。如果貓一整天下來都不攝取食物或水分，就得趕緊到動物醫院找醫生談談了。

［廁所］

盡可能從貓原本待的地方的砂盆中帶一點砂回來，混進家裡的新砂，讓小貓很容易理解「啊，這裡是廁所！」貓砂的材質、形狀形形色色，有些小貓會有自己的「喜好」。

只要有了安身之地，就能放心地觀察人類。

DAY 2

小貓在家度過了第一夜，先檢查牠是否有尿尿和便便。如果一整天都沒有排便，請盡快與動物醫院討論。確定有了尿便、沒有拉肚子的問題，立刻幫牠將貓砂清理乾淨。

小貓雖然天真可愛，但心裡其實壓力不小，畢竟周圍的環境完全改變了。因此，應該讓小貓在新家快點找到一個「這裡是安全的」的「棲身之所」。

把小貓驟然放進大房間裡，牠會立刻躲到家具旁幾公分寬的空隙中。一方面，小貓有旺盛的好奇心，但同時牠們也喜歡「暗暗的、狹窄的」空間。此外，對於愛玩繩狀、會動物品的小貓而言，房間裡電線一類的東西十分危險。

玩具、逞威的對象，是小貓的必需品。（譯注：小貓需要逞威的對象，是因為牠通常會模仿母親，對不利狀況做出威嚇動作，這於小貓也是一種學習。）

若是使用鐵籠，則可確保這是小貓的安全棲身之處，也可避開種種危險。暫且按捺「好想一直看著牠」、「好想摸牠」等衝動，給小貓一點從「安全籠」中仔細觀察人類和物品的時間。

忍不住大口大口地吃起來。

DAY 3

　　環境的巨變讓小貓感到疲憊，但玩遊戲還是很重要的，請注意，不要給牠容易誤玩受傷或吃下去的玩具。像是繩狀的東西，小貓有可能因為玩得太投入而把它吞下肚，最後堵塞在肚子裡，必須動手術才能取出。因此，讓牠獨自玩耍不太安全，最好給牠布娃娃，或是那種把鈴鐺裝在裡面的塑膠球玩具。

　　小貓歷經三天至一個星期，應能大致習慣周圍的景物或聲音，當然也需視貓而定。等牠們的情緒穩定下來之後，在清理貓砂、換水、餵食等時刻，若牠們主動鑽出籠子，不妨讓牠們自由地在房間裡探險吧；飼主整理完之後，再輕輕地將牠放回籠子裡。有些精力充沛的小貓或許會企圖脫逃，因此最好先把房門關上，或是先把家具的空隙做點處理。

DAY 4

　　餵食，請安排在某些時間，固定下來，最為理想。食物的種類很多，乾食、濕食都有。主食部分，請準備「綜合營養食」。關於分量，除了可按照飼料包裝上的指示，也可在觀察貓的排便狀況後（不要太稀也不要太硬），予以調整。

　　每隻貓的吃飯習慣不同，有些貓喜歡一口氣吃光，有些則少量多餐。對於喜歡

少量多餐的貓，建議給乾食，較不易變質腐敗。香味能促進小貓的食慾，採買時不妨參考每每可讓小貓期待「開封」香味的貓食。此外，隨時準備新鮮的飲水，這一點也很重要。

　　不太愛喝水、沒什麼食慾、消化不良而導致軟便的小貓，可以讓牠吃濕食。

　　無論選擇哪一種食物，每次餵食的時候都應該先將餐具洗滌乾淨，因為餐具髒污很可能導致細菌繁殖，或讓小貓的下巴長痘痘。

DAY 5

玩完了睡，睡完了玩，然後再玩……

　　小貓是否已建立起自己的生活節奏？除了吃飯、上廁所，其餘時間就是一個勁兒地玩耍？玩累了睡、睡飽了玩，因此別刻意叫醒牠；如果沒有充足的睡眠，小貓的精神狀況會變差。

　　小貓大約在出生後三十天斷奶。一般來說，可以從把乾飼料泡軟、罐頭等濕食做成的「離乳食」，視牠腹內狀況漸漸調整成乾食（乾飼料種類繁多，而且不易變質，很適合飼主不在家時供應）。大概在出生後六十至九十天，小貓就會開始卡啦卡啦地咬起硬的乾飼料了。

　　此外，小貓在出生後六十至九十天之間，一般會從牠的哥哥姊姊那裡學會貓咪社會的規則。而這個時期，由於少了母貓透過「初乳」給予的免疫力，也應讓牠儘早接受第一次的疫苗注射（疫苗必須在一

看到會動的東西，就受不了！

個月後再注射一次，才會發生效果）。

　　除非是不得已的狀況，在出生後六十至九十天的斷奶和社會化時期，對小貓、對人而言，都是最適合一起生活的時期。讓小貓學習上廁所、完成第一次的疫苗注射，如此一來，新手愛貓族也能有個放心的起步。

DAY 6

　　看來，小貓似乎已經漸漸明白「要在這裡生活下去」的意思，飼主應該也慢慢了解小貓的脾氣與特徵了吧。牠可能是隻黏人貓、膽小貓、活潑貓，或老成貓……就和人與人之間的相處一樣，應盡量配合小貓各別的性格，別讓牠累積壓力才好。有些貓希望你隨時注意牠，但有些貓希望你讓牠獨處；無論什麼類型的貓，都請不要著急，慢慢地接近牠。

　　對小貓而言，最大的敵人就是壓力，它會影響健康狀況，甚至引起疾病。因此，盡可能不要讓牠感受到任何會帶來壓力的不安或恐懼……話雖如此，無預警地被帶到一個陌生的地方，與不知安不安全的龐然巨物一起生活，對小貓而言，已經是一種壓力了。

　　儘管每隻貓因性格與警戒心強弱各異，而有不同的差別，還是希望飼主要時時記得，小貓並非處於無壓力的狀態。小貓會不會有氣沒力、渾身沒勁，還是食慾不振、便祕或上吐下瀉，或是哪裡發癢？

用放大鏡檢視小貓的健康狀態，一有異狀，立刻送去動物醫院。掌握牠們的性格與特徵，是保持小貓健康不可或缺的工作。總而言之，若有點擔心，就去找動物醫院、寵物店等單位商量看看，比較能安心。

小貓懂得觀察自己所處的空間狀況、家具配置，以及聲音、氣味、人的生活節奏等等。等到在籠外探險的時間變多、態度和行為日益沉著之後，不妨開始讓牠待在籠外，觀察狀況。

這時，人不要主動湊近牠，等牠自己接近，較能降低牠的警戒心。儘管你的內心躍躍欲試，還是盡可能地按捺住，依照平時的氛圍生活，好奇心強大的小貓一定會主動靠過來。

如果這是隻親人的貓，不怕生、會一直待在你身邊，就可以摸摸牠，跟牠玩。如果是隻膽小貓，牠很可能是鼓足了勇氣才靠過來，因此請輕聲細語地叫喚牠。千萬別冷不防地抱起牠，或是幾個人圍著牠，做出令牠產生恐懼或警戒的行動。

此外，小貓一旦太興奮，有時會忘了睡覺，因此要留意別玩得太過分。對於出生六十至九十天大的小貓而言，全力玩耍個十五分鐘，無論早晚，牠都會累到立刻睡著。給予牠充分的睡眠，飼主也可趁機盡情欣賞小貓獨特可愛的睡姿。

好像已經習慣了的樣子，這裡已經不是人的家，而變成了小貓的家？

與貓玩耍

3

只要有一條繩子、紙屑、棍子，就足以和貓一起玩了。若能抓住竅門，還能與貓玩得更開心。那麼，竅門在哪裡呢？既然機會難得，我們就來按下貓的玩耍開關，讓牠玩到心滿意足為止吧。

030 貓與鳥與蟲

當貓凝視著窗外、發出「卡卡卡卡卡」的聲響時，不妨趕緊走到牠身邊，跟隨牠的視線找一找，因為這是貓發現獵物時興奮的聲音。通常大都是牠看到麻雀飛來、或是紗窗上停了一隻蟲，但也可能是愣愣地看錯了玻璃反射的身影。總之，應該是找到了什麼獵物。

這時，貓會非常專心，就算你戳牠、叫牠，牠也置若罔聞，完全沉迷在獵物身上。所以，重點來了，為了讓小貓玩得更盡興、更熱烈，最大的竅門就是模仿這些獵物的動作、聲音、習性等等；因為對貓而言，「玩逗貓棒或玩具」等於「打獵」。

但若只是單調地揮動逗貓棒，貓也會發現「這個不對」、「不是獵物」，很快

看看貓在
觀察什麼。

咦，有什麼東西在飛？

就丟下玩具，留下的只有飼主的空虛。而為了勾起貓的興趣，該如何將逗貓棒揮舞得有如獵物一般，就得看你的功力了。

　　每隻貓對獵物各有所愛，有的喜歡蟲系，有的愛鳥，偶爾也有貓著迷於老鼠。因此，本文一開頭提到的「卡卡卡卡卡」聲音是針對什麼對象所發出，請主人確切觀察後，掌握住貓的喜好。一旦掌握牠的喜好之後，選擇適當的玩具，做出確實的動作，貓一定會樂得跳起來。

　　但是，與貓玩耍的模樣千萬不能被別人看到。為什麼呢？因為從外人的眼光看來，一定會覺得那是個不可思議的世界。

031 貓與忽隱忽現的引誘

揮舞了半天逗貓棒，貓就是不上鉤嗎？這種時候，最簡單而有效的攻擊方法，就是閃現攻擊。

把逗貓棒藏在物體背後，只露出末端讓牠看到。等貓注意到時，再倏地縮進來，讓牠看不見。等上一會兒，當牠覺得意興闌珊「什麼嘛，沒意思」的時候，再

> 我抓到了！

露出頭，然後再藏起來。

　　這種簡單的引誘，很有可能會讓貓睜大眼睛。等貓上鉤之後，再改變閃現策略的地點與高度。接下來的步驟是——

① 把逗貓棒藏在地毯下揮動。
② 在看不見的地方發出雜音。
③ 當牠看見時，把逗貓棒移遠一點。

　　用這種方法刺激牠，奏效後，貓貓一定會束手就擒。如果沒有逗貓棒，把手藏起來發出聲音，也可以跟貓玩。不過，用手玩，貓有可能飛撲過來，你的手應該會很痛；盡可能小心，不要玩得傷痕累累。

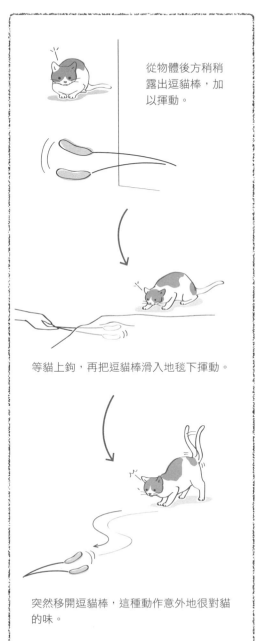

從物體後方稍稍露出逗貓棒，加以揮動。

等貓上鉤，再把逗貓棒滑入地毯下揮動。

突然移開逗貓棒，這種動作意外地很對貓的味。

032 貓與繩子的關係

你 一使用膠帶或毛線時，貓就會如閃電般出現。無論在什麼情況下，把線垂下來讓它晃啊晃的，只要是小貓，一定能成功把牠「釣上來」。貓兒咬繞、抓繩，玩得不亦樂乎時，甚至很可能全身都纏滿繩子，動彈不得。

用繩子與貓玩的原理，其實跟用逗貓棒差不多，只要在動作上多下點功夫，就可以讓貓玩得更著迷，像是——

① 先把手中的繩子弄得像蛇或蜥蜴般快速爬行。
② 突然抖動一下繩子，然後暫時停止一切動作。
③ 慢慢地把繩子拉到暗處等待。

再加上一點扭擰的動作，就能把它變成讓貓大感興趣的玩具。只要有繩子，貓

自古以來，毛線球就是貓的好玩具。

就可以自得其樂。

但請盡可能讓牠待在人眼看得到的範圍玩耍，以防牠不小心把繩子吞下肚。肚裡要是被繩子堵塞住，還得動手術才能拿出。萬一你從貓的嘴巴或屁股看到繩頭跑出來，也千萬不要用力拉，要立刻將牠送往動物醫院。

此外，牠也可能玩弄窗簾之類的繩子，玩到最後被纏住，或是因不斷掙扎而受傷。一旦脖子被纏住，很可能會造成窒息，因此現場若沒有人幫忙看著，一定要小心，避免讓牠玩到繩子一類的玩具。

O33 貓與祕密基地

貓在打獵時經常躲藏起來，瞄準獵物，趁對手疏忽時突襲對方，將牠捕獲。因此，貓在玩耍時也是一樣，會表現出躲起身子、伺機襲擊的動作。牠們會躲在貓塔頂端、窗簾後面、沙發後面等等這些「祕密基地」，而後「貓」視眈眈地等待偷襲獵物的時機。

有時會露出整個屁股，有時連頭都藏不住，但牠卻感覺自己應該藏得很好。基本上，當貓潛伏在祕密基地時，是以一種非常認真的態度充滿自信地隱藏著。倘若你發現牠正在潛伏，別戳破牠，等牠自己跳出來吧。

不過，人類偶爾會突然「發現」貓的祕密基地，並在牠突襲之前先發制人，此時小貓可能會呆愣住，手足無措地趕緊逃跑。

此外，祕密基地有時也兼作貓收藏戰利品或蒐集品的倉庫。但令人頭痛的是，貓經常忘了自己的祕密基地有哪些，以致大掃除時，你會在好幾處找到原以為遺失了的玩具，或是以前牠曾經在地上滾著玩的紙屑。

不過，有時看到貓一臉驚奇，彷彿第一次看見這些失而復得的物品，然後又倒在地上玩將起來的模樣，還真忍不住想對牠吐槽：「喂喂，你腦袋沒事吧。」不過，這就是貓兒的可愛之處。

034 貓拳打排球

就算沒有玩具或繩子，一張廣告紙也能跟貓開心地玩遊戲，十分環保。把廣告紙揉成球狀，丟給牠，即使只是這樣，只要招數夠多，貓也可以玩得很盡興。

但無預警地丟紙屑給貓，牠也可能受到驚嚇而逃跑。可試著先把紙團丟在貓的手邊，看看牠的反應。有些貓會誤解成「主人拿東西丟我」而感到害怕抗拒，因此牠如果表現出害怕，也不要勉強牠。相反地，倘若激起了牠的興趣，就可漸漸改變丟擲的強度或高度，投貓所好。等牠習慣了，說不定還會像打排球一樣，把丟到牠肩頭附近的紙團打回來。

不過，這種紙團遊戲有幾個缺點。儘管貓會打回來，或是去銜住咬回來，但

貓有自己的主見，未必會把紙團送回主人身邊。當然，如果想玩得很有節奏感，就需要好幾個紙團……結果很可能導致房間裡到處都是紙團，亂七八糟。此外，一旦貓愛上這個紙團遊戲，就會無止盡地想玩下去，你必須像個餵球的投手一樣，不斷丟球給牠。沒錯，如果貓開始瘋迷這種遊戲，其實還挺麻煩的。

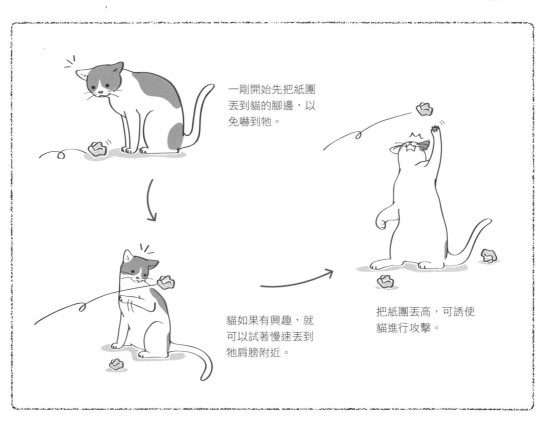

一剛開始先把紙團丟到貓的腳邊，以免嚇到牠。

貓如果有興趣，就可以試著慢速丟到牠肩膀附近。

把紙團丟高，可誘使貓進行攻擊。

035 貓與規矩

貓雖然是一種獨居動物，但貓的社會還是存在著規矩。貓和其他的貓玩耍時，就是學習這種規矩的機會。在幼年時期，牠會從與母親或兄弟打打鬧鬧的玩耍中，學習到「下手的輕重」，慢慢體會「再咬那麼用力，對方就真的生氣了」。

幼年時期較少學習規矩的貓，咬人類的手會咬得很用力。玩耍時，如果小貓興奮過度、用力咬你，可以用貓討厭的大嗓門說「不玩了」，讓小貓認識「如果咬人，會發生討厭的事情」。教懂規矩需要耐性，但透過遊戲，一定能讓貓理解規矩的重要。

不過，說到規矩，貓自己也會在玩耍中訂下規矩；例如，玩玩具的時候，牠們經常莫名其妙地來回衝刺，或是突然從躲藏處鑽出；有時還特地爬到較高的地方，扭著屁股攻擊⋯⋯諸如此類在玩耍時訂下的奇怪規矩。若真要探究，或可解釋為「這是貓狩獵的本能，牠正打算捕獲獵物」，但牠那忠實遵守自己規矩玩耍的模樣，實在令人笑倒，而且可愛極了。

當然，由於貓可是很認真地在「玩耍」，我們人類也要配合牠的規矩，陪牠玩到盡興為止吧。

貓的有些規矩很難理解。

036 與貓嬉戲

貓是一種狩獵的動物，因此玩球、玩逗貓棒、爬貓跳臺等等這類遊戲，都是牠們磨練狩獵能力以捕獲獵物的模擬訓練。

這麼說或許有點語病，但對於貓而言，牠很可能只是把揮動逗貓棒、丟紙團的「主人」，定位成這些模擬訓練工具的延伸。

當然，一定得和人類有某種程度的溝通關係，素來警戒心強的貓才會表露出嬉戲的態度；畢竟，貓之所以和那些用以比擬蟲、鳥、蛇的玩具玩，並不是為了和人類進行溝通。

但這是否代表，人貓之間無法互相溝通玩耍？在打獵時期，人類把狗當作使喚動物，用以支援自己的行動。但貓不是狗，人類是看準貓會抓老鼠等習性，才使用貓這種動物，因此基本上，貓並不會存有「為人類做些什麼」的想法。

不過，如果事先備好貓喜愛的「獎賞」，用來和貓產生溝通，如此訓練貓按吩咐做事，並非不可能。事實上，也有人利用訓練狗兒常見的響片訓練，用在貓身上，設計出了許多課程。

「與貓玩耍」這件事，本身就是個困難的問題。但人類如果努力地想與牠溝通，貓一定也會回應你，但是當然了，貓仍是一種隨心任性的動物。

明天
也要和貓
一起玩

貓式生活

與貓比毅力

4

貓的性格意外固執，一旦決定怎麼做，就不太願意讓步。但如果你決定跟貓一起生活，就很難避免與貓比毅力。為了在與貓的對抗中不要落敗，這一章為你準備了幾個小祕訣。

037 挑嘴

貓很偏食，只是程度有別。「給什麼就吃什麼」的貓，世上少見；這種貓甚至令人懷疑，也許根本不是貓。

貓在幼年時期，某種程度上願意吃各種食物，可吃食物的範圍也比較廣。如今，貓的食物以飼料為中心，因此，也有很多貓「非飼料不吃」。當然，在平常的生活中，只要牠願意吃飼料就沒問題。可是貓若因生病造成體力下降，或是給予的飼料種類有限時，就必須餵牠吃些別的；但想增強牠的體力時，卻又可能遇到偏食的阻礙。貓在健康狀態下的偏食，你可能會扮壞人想著「不准這麼任性」，而決定不給牠其他食物，除非牠把該吃的吃下去；可是如果牠的問題是心理上的，有時就很難嚴格地對待牠了。

建議可在食物中摻入牠喜歡的其他食物，但如果摻得不夠均勻，貓很可能只

吃牠想吃的，把其他的食物剩下來，讓主人徹底敗陣。如果餵的是濕食，稍微加熱一下，讓香味散發出來，可以提高嗜口性（譯注：指在食物中增加某些香味或口味，讓貓樂意吃）；但，嚴禁加熱太久，約為人體皮膚的溫度即可，畢竟貓舌頭怕燙嘛。

此外，食物一旦開封，應立刻加以冷凍，然後按每次餵食的分量解凍。這樣才不會喪失風味，也能保持嗜口性。

貓偏食，該怎麼辦？

- 在食物中摻入貓愛吃的其他食物。
- 稍微加熱食物。
- 在食物上撒點木天蓼。
- 平常即備妥多種食物，輪替餵食。

O38 與暴力貓對決

世上的貓不全都那麼溫柔可愛，其中有些貓動不動就會賞你一爪、咬你一口。話雖如此，就算是這麼暴力的貓，餵養牠時不可能完全不接觸，有些狀況下也必須抓住牠。當然，以貓主人的想法而言，既然養了貓，自然希望盡可能與牠有良好的溝通。

應付暴力貓的時候，首先應該從了解牠的個性出發，你必須先掌握牠會在什麼狀況下做出什麼樣的攻擊。例如，貓的性格很膽小，所以是害怕的情緒導致牠產生攻擊性？或是出於支配型性格而攻擊？有些貓可能對人很親善，對貓卻很凶悍，但也有相反的例子。

此外，有時貓也會因特定的狀態或舉動而變得暴力，因此解決問題的第一步，就是觀察牠為什麼而暴力。當你發現某個原因的可能性很大，不要猶豫，盡量做各種測試；總之，暴力的原因乃出於性格問題，因此需要花很多時間矯正。你只能耐著性子，在長期與牠的相處中，了解彼此的地雷，慢慢尋找友善相處的方法。

貓若展開攻擊，應特別小心牠的後腳和利牙（貓拳和前腳的爪子其實並不可怕）；抓貓的時候，貓會為了逃走奮力一踢，那雙無影腳才是該好好注意的。

如何與暴力貓相處？

- 在貓睡著時摸摸牠。
- 貓的敏感部位不要摸。
- 情況嚴重時，善用洗衣網。
- 可先備妥皮手套。
- 慢慢來不要急，多給彼此一點時間。

〔納咕自言自語〕媽媽看到貓砂散在砂盆外，不高興了。不過，我不在乎。

039 貓是恐怖分子？

常 聽人家說「貓會故意討人厭」，例如「讓牠看家，結果在房間各角落噴尿」、「準備出門時，發現牠在鞋子裡撒尿」等等……貓，會做出讓飼主困擾的事，令飼主不得不懷疑「牠在生什麼氣」、「是不是哪裡讓牠看不順眼，所以報復我」。

其實，貓就算有什麼不滿，也不會用撒尿或噴尿攻擊來報復。牠們之所以用尿做記號，表達不安的成分恐怕大過於牠們的不滿。舉例來說，像是其他貓兒的氣味，或自己的領域內有什麼讓牠感到不安的因素，牠才會想沾上自己的氣味以建立能讓牠放心的空間。也有可能是，鞋子上

的臭味不知不覺中引起牠的尿意，所以才在那上面撒尿。

　　如果有某個地方殘留了貓尿的氣味，受到那臭味的誘發，牠很可能會再度尿在

上面；因此，請務必徹底消除氣味。清理出貓兒能安心生活的環境，才是減少尿尿攻擊的捷徑。

如何防止貓噴尿攻擊？

- 找出貓不安的原因，加以解決。
- 收拾好可能被貓尿濺到的物品。
- 清理沾上貓尿氣味的物品，徹底除臭。
- 整頓環境，讓貓感到放心。

040 大逃亡

飼　養在室內的貓如果很想跑到戶外，飼主與牠就得來一場毅力大賽了。貓會趁人不注意或一時疏忽，有時偷偷摸摸、有時大膽突圍地企圖逃亡！這種時候千萬不能認輸，因為只要讓貓跑出去一

次，以後牠就還會想出去。一定要狠下心腸，斷然阻止牠脫逃。

　　經常有人說，貓既然那麼想到戶外，那我們就抱著牠，或繫上牽繩帶牠出去散步好了。從防止脫逃的觀點來看，這種作法完全是反效果—— 就貓的心理而言，只要接觸到外面的世界，就會更想出去。對於不了解外面世界的貓而言，就算不出門，也不會累積壓力，畢竟貓本來就是一種不會想離開自己領域（意即可放心生活

防止貓脫逃的要點

- 紗門加裝門擋或封條，加以固定，讓牠無法隨意打開。
- 即使只逃脫過一次，牠走過的路線仍必須確實防堵。
- 出門之前，先確認貓位在家中何處。
- 需長期諜對諜抗戰，請至少忍耐三年。

的空間）的動物，因此如果室內都是牠的領域，生活在其間並不會特別產生問題。

可是，只要去過外面的世界一次，貓就會百般想辦法要再出去。要牠們忘掉外面的世界，可能需要好幾年，因此必須以堅決的態度，阻止貓的逃亡計畫。

附帶一提，貓很輕易就能關上拉門和紗門，所以務必裝設門擋或封條。最近，有些紗門的素材不易被貓抓破，可充分達成阻礙牠脫逃的目的。此外，在玄關前加裝寵物門，也是個有效的方法。而最有效的方法是，在開窗或開門外出前，先確認貓位在家中何處；只要掌握貓的位置，就算牠突然衝出，也容易應對。

與貓比賽是長期戰，請務必隨時保持警覺。

041 醫院路遙遙

養了貓之後，即使牠身體再健康，每年至少也得帶去動物醫院一次，進行健康檢查。但很多貓主人說，帶貓去醫院真是件苦差事。主人一想要抓牠，牠就能察言觀色，然後躲在某個地方不出來；有的貓則是放進提籠時，會瘋狂掙扎。話雖如此，若為了健康檢查倒還簡單，如果是受傷或生病，必須帶牠到醫院接受治療，貓的抗拒就十分令人頭疼了。

最簡單的方法是，平時就要讓牠習慣提籠。把提籠的門打開，放在房間裡，隨意讓貓進出。如果貓會在籠子裡睡覺，那麼只要當牠還待在裡頭時，把門關上，就可以帶出門了。但家裡若有兩隻以上

> **帶貓進籠的訣竅**
> - 平時就把提籠放在屋子裡，讓牠在裡面睡覺。
> - 應付脾氣火爆的貓，洗衣袋或被單頗為有效。
> - 喜愛袋子的貓，可趁牠跳進袋裡時，整袋放進提籠。

的貓，有可能也得把其他的貓一塊兒帶去……

但如果你的貓不習慣提籠，那麼，捕捉就十分重要了。總之，貓很容易從氣氛或人的表情察覺出「咦？跟平常不一樣」。首先，你得不動聲色，不讓牠們察

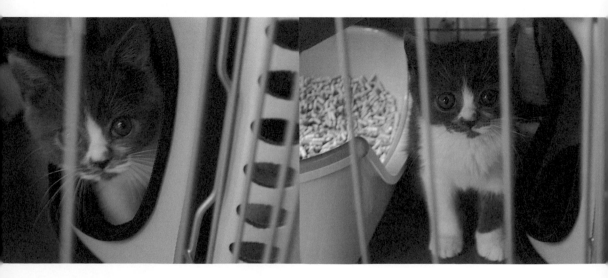

覺要去醫院這件事。基本原則是緩慢接近，快速捕捉。一旦被牠逃走，貓可是會警戒好一段時間，因此請抱著一次定勝負的決心捉牠吧。

如果貓的脾氣火爆，不妨使用大開口的洗衣袋——用袋子蓋住牠，然後連袋帶貓地放進提籠，診療完畢再放出來；如此一來，飼主和醫院的人都不會受傷，貓也能獲得完整的治療。雖然看起來有點可憐，不過這是為了讓牠接受治療的必要處置。

另外，有些貓習慣躲進袋子裡。飼主平時可以在牠躲進袋子後，把牠提起來，走來走去地進行練習。這樣一旦要帶牠去

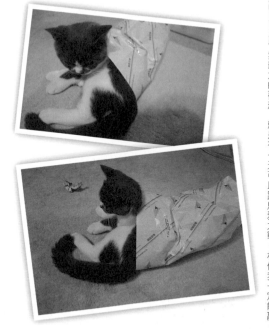

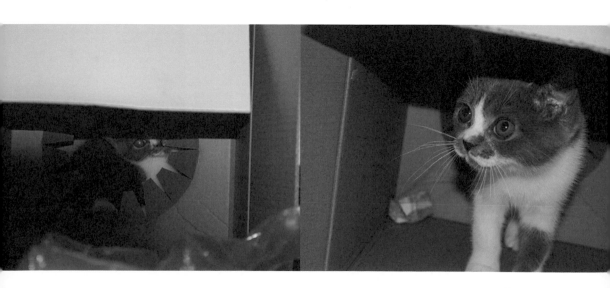

醫院，只要把袋子拿出來，讓貓習慣成自然地跳進去，就能整袋放進提籠，十分簡單又方便。

貓的疾病

5

一旦養了貓，就很難避免面對「疾病」的問題。無論再怎麼健康的貓，長時間生活在一起，還是可能遇到牠生病的時候。如果生了病，飼主能做的事其實不多，只能儘快送到醫院，請獸醫診治。但在平常的生活中，只要稍加留意，還是可提早發現病狀，或加以預防。

042 貓流鼻水和打噴嚏

當貓用鼻子摩擦你打招呼，有時會發現牠鼻子有點濕濕、涼涼的。貓的鼻子在清醒時會因為分泌物而濕潤，睡覺時則顯得乾燥；也因如此，不需太在意牠鼻子的濕潤程度。

不過，一旦牠出現流鼻水（透明的液體、帶血絲的液體、濃濁的液體）的症狀，就要特別小心。貓和人一樣會感冒，但也可能是患了嚴重的感染病。

此外，如果除了流鼻水，還有打噴嚏或咳嗽等感冒症狀出現，若太輕忽，很可能會演變成重病或慢性病，非常可怕。尤其，不只鼻炎或感染病會引起咳嗽或噴嚏，當心臟病發作造成呼吸困難時，也會出現類似咳喘的症狀。因此如果看到貓流鼻水，或覺得牠好像感冒了，千萬別小看，請儘快帶牠到獸醫那裡接受診治。

順道一提，如果人在戶外接觸流浪貓之後，出現了流鼻水、咳嗽等症狀，也請特別留意。因為接觸了外貓，很可能會把

［納咕自言自語］我喜歡新物品，但討厭不習慣的事。

疾病直接傳染給家裡的貓。在室外接觸流浪貓後，回到家，務必先用肥皂把手洗乾淨。

注意眼鼻部位！

- 鼻水與噴嚏頻繁出現。
- 鼻頭經常呈現乾燥。
- 呼吸時有雜音。
- 分泌大量眼屎。

043 談談貓的便便與廁所

貓的糞便味道相當臭,不過「便便」是貓健康狀態的指標,最好每天都要檢查。依據牠身體的狀況、飲食的改變,大便的狀態也會改變。

可以用竹筷或衛生紙拿起的,就是「好的大便」。但是當貓不斷腹瀉,拉出混雜了血和黏液的大便,顏色與平時不同,呈現出紅色或黑色的狀態,就要特別注意了。可以想得出的可能疾病包括——消化器官方面的疾病、食物中毒、寄生蟲、感染病等等,請將糞便帶去給獸醫檢查。

另外,也常聽說有不少貓對上廁所這件事十分神經質。有些貓只要感覺到有人的氣味,就不靠近貓砂;有的貓不想進入已經弄髒的貓砂,因而抓著砂盆邊緣排

便。最怕的是，過度神經質、忍耐著不上廁所的貓，因為貓最不好的狀況是，長時間忍尿，終至演變成膀胱炎或尿毒症等毛病。

　　萬一你的貓討厭上廁所，這可麻煩了；貓又不像狗，能對牠強加、施以廁所訓練，請務必仔細觀察貓討厭上廁所的原因，然後盡可能排除。

偷看貓的肛門！

當貓豎直尾巴時，不妨趁機偷側檢視肛門四周是否有因腹瀉而髒污的痕跡，或是有沒有寄生蟲。如果牠小時候當過流浪貓，肚子裡大多會有寄生蟲。第一次帶牠到動物醫院時，請帶著牠的糞便去。

044 肥貓的煩惱

說實話，貓的體型圓潤一點比較可愛。這是事實。看到胖墩墩的肥貓慢條斯理行動的模樣，真的可愛極了。可是，裡頭可能藏著陷阱，那就是「圓潤」等於「肥胖」，也就是代謝症候群。

太胖是百病之源，這個道理無論貓或人都適用。

那麼，就來教教各位如何辨別貓是否肥胖——

①摸摸肋骨，倘若摸不到→肥胖。
②從上方目測，沒有腰線→肥胖。
③從側面觀察，肚子下垂→肥胖。

一般來說，貓的適當體重就是牠「滿一歲時」的體重。話雖如此，除非是從一出生開始養，否則不會知道一歲時的牠有

點心
還沒好嗎？

多重。因此，如果發現貓的體型變圓，或是摸不到背脊、肋骨等圓胖徵兆，就要留意牠變胖了。

貓一旦變得太胖，很難減重。就算買減重飼料給牠吃；通常，偏食的貓可不能保證一定願意乖乖吃減重飼料。倘若將飲食量控制得太極端，或是減少供餐數，肝臟便很可能累積脂肪，進而演變成嚴重的疾病。當然，飼主也不能像對狗一樣，利用散步等運動來替貓減重。總之，貓一旦吃得太肥，就很難減下體重了。

胖貓的確人人愛，但還是建議各位飼主忍住，把「別讓貓變得太胖」當成第一要務──想讓貓活得長久，就必須忍耐。

我只是看看而已

注意愛貓是否變成肥貓！

- 超過適當體重的百分之十五以上。
- 用手摸不到牠的肋骨。
- 看不到脖子或腰的曲線。
- 最近，牠的臉變得比較寬……

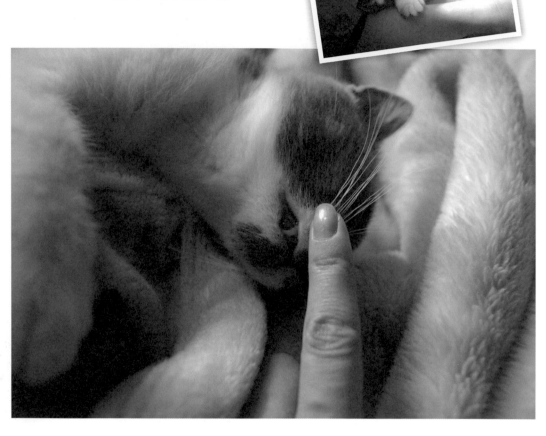

045 貓的蛀牙

貓基本上不太容易蛀牙，這是因為牠的食物和人類不同，而且唾液中所含成分也不同，因此很少會演變成人類蛀牙的那種狀態。

可是，得牙周病的貓卻很多，幾乎三歲以上的貓超過百分之八十的比例都患有牙周病。如果貓在你附近張開大嘴打哈欠，而你發現「啊，好臭」，就要好好觀察牠的口腔了。貓的舌頭和牙齦，在正常狀態下，會是漂亮的粉紅色；如果紅腫，就有可能罹患牙齦炎或牙周病。牙齦炎若嚴重，會有口臭和流口水的癥狀；演變成牙周病，則會出血化膿，最後必須把牙齒拔掉。

貓的牙周病和人類一樣，同樣起因於潛藏在牙垢或牙結石的細菌。此外，以貓而言，也可能是罹患了貓愛滋之類導致免疫力低落的疾病，而引發牙周病。牙周病

我在磨牙，
有事嗎？

一旦惡化，進食將變得困難，身體變瘦，
體力也會一落千丈。總之，牙周病一定要
好好診治，否則很可能減損貓的壽命；只
要一發現不對勁，最好立刻送醫診斷。

046 貓與預防接種

貓 身上有幾種可能危及性命的傳染病，尤其是會跑出去外面世界的貓，若與外貓接觸，何時感染上疾病也不至於太令人意外。因此，預防接種就變得格外重要了。除了最基本的三合一疫苗，貓白血病和最近的貓愛滋疫苗都已經開發完成，請與動物醫院討論施打事宜。

而為了預防接種，便必須把貓帶到動物醫院。但是，討厭進籠、被帶出門的貓非常多，平時溫順遲鈍的貓，一旦被放進籠子，也可能有如變回野生狀態般地暴衝吵鬧。為了防止這種情形發生，最好的方法就是從日常生活中讓牠習慣籠子；但貓很機靈，即使如此，有時牠還是不太容易習慣。

不過，按時接受預防接種，對貓而言是十分重要的事。如果因一時心軟、捨不得看牠哭鬧，而不帶去動物醫院，對貓並非好事。

[納咕自言自語] 今年夏天，我也努力抓了很多蟬哦。

注意貓是不是患了傳染病！

- 流鼻水或打噴嚏。
- 眼屎分泌變多。
- 持續地血便、腹瀉、嘔吐。
- 口腔發炎，口臭嚴重，唾液變多。
- 發燒。
- 腹部膨脹。
- 變瘦。
- 呼吸變淺、變急促。
- 傷口不易癒合、容易化膿。

我討厭打針！

047 如何選擇動物醫院？

養了貓之後，除了生病、受傷等緊急狀況，還有很多需要動物醫院的時候，像是預防貓蚤、蟎，或是每年預防接種、健康檢查等等。那麼，我們要以什麼樣的基準來選擇適合的動物醫院呢？

選擇動物醫院時，相信很多人最在意的是醫生的醫術夠不夠高明，這個道理和選擇人的醫生沒什麼兩樣；醫術高明的獸醫，當然比較好。

此外，醫院的所在地點也是重要評估項目。醫生的醫術再好，若是位在需要花上許多時間才能到達的地方，萬一有什麼緊急狀況，遠水也救不了近火——還是盡可能縮短交通時間才好。

與醫生合不合得來，也是重要的考量因素。哪怕是人人稱頌的名醫，若無法建立起信賴關係，也很難獲得令人心服的診斷。

還有一點常被人忽略，那就是這家醫院有沒有合格的護士。這點之所以要列入考量，是因為雖有獸醫進行診斷和治療，但實際上，照顧病貓的責任主要是由護士負責。

此外，醫院是否設有夜間或假日看診、醫生能不能出診，也都是你應評估的項目。

話雖如此，但大概很難找到完全符合上述所有條件的理想動物醫院。如果你的住家附近有好幾間動物醫院，其實可將它們分為「日常照顧時去的醫院」、「緊急狀態下可求助的醫院」和「可夜間看診的醫院」，配合需要，多多光顧，應該也是不錯的選擇。

貓式生活

貓的雜談

6

本章整理了前面五章未曾介紹的貓兒特性、不可不知的貓照護常識，以及其他零碎的貓兒雜談。

生活

048 ❀ 貓的平均壽命

隨著獸醫學的發達、室內飼養的普及，貓的平均壽命有逐漸增高的趨勢。根據寵物食品協會二〇一二年度的統計，日本的貓平均壽命為十四點四五歲，換算成人類的壽命，相當於七十歲以上。但貓也和人類一樣，隨著壽命的高齡化，漸漸會有疾病、癡呆、照護等問題出現。特別一提，與飼養在室內的貓相比，會外出的貓壽命只有幾年，平均壽命極低。

049 ❀ 貓的血型

貓也有血型之分，與人不同的是，牠們只有Ａ型、Ｂ型、ＡＢ型三種。有趣的是，純種貓會因品種的不同，而在血型的比例上有相當大的差別。

050 ❀ 貓的體溫

貓的體溫約為攝氏三十八至三十九度，比人或狗的溫度稍高。

051 ❀ 貓牙的數量

貓的乳牙有二十六顆，變為恆齒後是三十顆。出生後兩個月就會開始長恆齒，以推出的方式將乳牙擠掉。

052 ❀ 貓舌

貓舌表面粗糙，很像銼刀，據說，這是為了挖獵物骨頭四周的肉而演化來的功能。特

別一提，貓科動物對甜味沒有味覺，因此對甜食不大感興趣。

053 ❀ 貓的視力

貓的視力比人還弱，但動態視力相當好，配合著聽覺和嗅覺，就能掌握獵物所在位置。關於顏色，貓並不只能看到黑白兩色，牠們能夠辨別顏色，但據說對紅色的辨識能力不佳。

054 ❀ 貓的脖子

剛出生不久的小貓，母貓會啣著牠的後頸進行搬運，這是因為該部位沒有什麼痛點，不太有痛覺。儘管不會痛，但被拎住這個部位時，很多貓會因想起小時候而變得乖順。

055 ❀ 貓的青春痘（貓痤瘡）

初期會在皮脂腺較旺盛的嘴部四周、下巴、眼皮、尾巴根部等處，看到一粒粒黑色粉刺。倘若惡化，不但會掉毛，粉刺還會紅腫，演變成膿痂疹。原因是黴菌或毛囊蟎的繁殖、荷爾蒙失調、過敏等等，飼主應注意保持餐具與居住環境的清潔。

056 ❀ 貓的懷孕期

貓的懷孕期約為兩個月，五十至六十天就會生產，每次約產下三到四隻小貓。

057 ❀ 貓的腎臟

隨著年紀增長，貓的腎臟功能會逐漸變差，但一直要到腎臟功能衰弱得只剩三分之一的程度，才會顯現出症狀。當飼主發現貓的狀況不佳，帶去給醫生檢查時，腎臟通常

已經殘破不堪了。據說，高齡貓有相當高的比例會出現腎臟不好的情況，儘管我們無力扭轉牠一年不如一年的腎功能，卻可選擇對貓腎臟較好的飲食，從年輕就開始減低牠腎臟的負擔。

058 ❀ 貓怎麼洗澡？

會將自己全身舔過一遍的貓，幾乎不需要洗澡。但倘若因腹瀉而弄髒身體，或是長毛貓身上有毛球的時候，就得帶牠去洗澡。只是，貓洗澡時大多會陷入恐慌，尤其飼主若改換上輕薄的衣服，很容易會被貓爪抓傷，應小心謹慎。

對於怕水的貓，盡量讓牠從腳部進入浴缸，比較不容易害怕。將毛巾或紗布披在牠身上，然後舀水淋濕身體，應該會有效果。但無論如何都害怕浴缸的貓，建議用熱毛巾擦拭牠的身體即可。

059 ❀ 貓的尿騷味

貓的尿騷味非常強烈，該如何處理這種臭味，算是貓飼主滿大的煩惱。基本上，在發臭的地方用清潔劑洗乾淨，應該就沒什麼問題。但棉被或家具等不太好洗的物件，不妨

盡量嘗試小蘇打、明礬、竹炭等傳說中的除臭利器，再來更進一步思考對策。

060 ❀ 貓的換毛期

貓一年更換體毛兩次，尤其是春末到夏初脫掉冬毛的時節，很多膨軟的細毛都會脫掉，因此飼主的刷毛工作千萬不可少。

061 ❀ 毛球症

春秋兩季的換毛期，貓會因舔洗身體而吃下大量體毛，導致在胃或腸等消化器官中形成「毛球」，而引發食慾不振、腹瀉、便祕、胃炎等症狀。

解決的方法包括—— 天天梳毛；把食物更換成毛球症專用飼料；準備貓愛吃的「貓草」，好讓牠把毛或異物順利吐出來等等。飼養長毛貓尤其需要注意這一點。

062 ❀ 貓草

貓雖是肉食動物，但不時需要吃草，尤其最喜歡稻科的細長草葉。吃了貓草之後，不久就會嘔吐出來，但不需擔心，因為會連同肚裡累積的貓毛一起吐出，不妨定期讓牠吃。

063 ❀ 幫貓剪指甲

盡可能每一、兩週就幫貓剪一次指甲，如此一來，家具或地板的受害程度會減輕很多。話雖如此，若沒能在幼貓時期養成剪指甲的習慣，每次幫牠剪指甲，就等於和搖身一變的猛獸展開一場人貓大戰。

面對如此抗拒的貓，不妨在

兩個人的箝制下進行；或者趁牠睡覺時，每次剪個幾隻指甲。畢竟，指甲若長得太長也會刺入肉蹼中。若是幫貓剪指甲有困難，請與獸醫商量。

064 🐾 貓與水

貓對很多事物都相當挑剔，對水的興趣也各有所好。有些貓喜歡對著水龍頭口直接喝水，有些貓則愛喝浴缸的熱水。貓的腎臟較差，因此飼主應準備一個可以讓貓隨時喝到水的環境。此外，倘若發現牠喝水的次數比以前多，就要帶牠到醫院檢查一下腎臟。

065 🐾 貓砂

是指貓上廁所時鋪的砂。最近，市面上的貓砂種類十分多樣，從紙砂到膨潤土、矽膠、木屑等等，琳瑯滿目；以前，則有人把報紙撕成碎片後使用。由於每種貓砂的特色如臭味吸收度和更換頻率不盡相同，因此請用心多多比較選擇，畢竟很多貓對貓砂的好惡十分明顯且挑剔。另外，貓砂會飛散在砂盆四周是理所當然的事，天天打掃砂盆是養貓人的宿命，飼主最好要有心理準備。

066 🐾 貓鈴鐺

「在貓的脖子上掛鈴鐺」好像成了一種制式的形象，但其實這個作法有好有壞。如果是習慣躲在暗處或喜愛逃跑的貓，鈴鐺確實有助飼主確認牠的所在位置。可是，鈴鐺一整天下來「鈴鈴鈴鈴」地響個不停，恐怕也會令人不勝其煩，而且貓也會感到壓力，請特別注意。

067 🐾 山貓

以前，一般把流浪貓或野貓叫做「山貓」，但現在大多是指除了家貓以外的小型貓科動物。在日本棲息的山貓有西表山貓、對馬山貓。

068 🐾 貓節

在日本，每年二月二十二日是「貓節」，制定於一九八七年。為什麼定這一天為貓節呢？一看即知是因為這一天有三個「二」的關係。不過，其他國家並不把二念成「喵」，各國的貓節日子自然也不盡相同，至於國際貓節（International Cat Day）則是在八月八日。

行 為

069 🐾 貓的活動範圍

英國曾進行一項實驗，希望了解貓的活動範圍有多大——他們針對十隻放養的貓，調查牠們的活動範圍。結果發現，貓的平均行動距離是一百三十六點九公尺。當然，由

於樣本數很少，因此數據可能不太準確，但由此可窺知貓的活動範圍出乎意料地小。不過，流浪貓為了尋找食物，活動範圍應該會更大才是。

070 ❀ 貓的全力狂奔

貓的奔跑速度據說可達時速四十八公里，相比之下，人類全力衝刺大約只能來到時速三十六公里。由此可知，人類完全追不上全力奔跑的貓。另外，貓和獵豹同樣都屬於短跑型，無法長時間奔跑。

071 ❀ 貓與上下運動

調整貓的生活空間時，讓牠可以垂直行動也是重點之一。野生的貓科動物被追趕時，會爬到樹上以保安全，或是從樹上瞄準獵物；這便是為什麼貓喜歡逃到高處，從上面俯瞰觀察的原因。不妨幫你家的貓做個臺階，讓牠可以爬上衣櫃，或是準備一個貓跳臺。另外，樓梯對貓來說也是個可垂直行動的空間，這對運動量不足的貓而言，也許正是運動的好機會。

072 ❀ 從高處墜落

常聽人說，貓即使從高處墜落，也能漂亮落地。但未必如此。從二、三樓高度墜落的貓，其實很多都受了重傷或死亡。由於貓看到大樓的陽臺欄杆就會忍不住想跳上去，腳一滑便墜樓，這類事件層出不窮，應特別小心。若把貓養在高樓層的大樓中，請盡可能不要讓貓靠近陽臺，就能防止意外事故發生。

073 ❀ 貓、蛇子、鳥子

從前，日本人將貓叫做「鼠子」，意謂牠是「抓老鼠的貓」。相對而言，只抓蛇的貓叫做「蛇子」，只會抓鳥的貓就叫做「鳥子」了。

074 ❀ 烏鴉與貓

貓望著窗外，有時會突然朝烏鴉做出威嚇、瞄準獵物的姿勢，但事實上，反而是貓被烏鴉攻擊的事件較多。尤其是在幼貓時期，烏鴉會撞擊陽臺上的小貓，或是把牠們抓傷。因此在烏鴉出沒的地方，盡量不要讓貓外出，較為安全。

075 ❀ 裂唇嗅反應（富麗面表情）

貓有時會半張開口，好似忍著噴嚏一般，露出像是在傻笑的臉，這種生理現象叫做「裂唇嗅反應」。主要是把位於口腔上顎、執掌費洛蒙受器的犁鼻器，暴露在空氣中，以吸收更多費洛蒙。這種反應並非起因於感情，因此當然不可能是在笑。

076 ❀ 公貓噴尿

「噴尿」是貓常見的一種特徵，這種將

臭尿噴向牆壁或家具的行為，多半在貓感到不安或壓力時出現。噴尿的大多是公貓，但偶爾也有母貓會這麼做。首先，飼主應檢查貓之所以噴尿是針對什麼事物產生的反應；去除該因素，便是戒除貓噴尿的第一步。此外，如果臭味一直留著，牠就會一再回來此處噴尿，最好徹底打掃乾淨，消除氣味。

077 🐾 貓的磨蹭

貓在人腿或家具邊磨蹭，並不是為了示好、表現愛意，而是一種附著自己體味的行為；換句話說，即為做記號的一種方式。讓自己的體味附著其上，不單具有主張自我領域的意義，也能降低不安的感受，解釋頗多。不過，如果牠討厭你，當然就不會靠近，所以也算是示好的表現。

078 🐾 貓與香盒

當貓的腹部著地，背脊拱圓，四肢摺疊，把腳尖藏起來蹲坐時，日本人將牠們這種姿勢稱做「香盒」（放線香的盒子）。這是因為香盒的蓋子本來就有點拱起，而當貓蜷曲坐著時，側影非常相似，由此得名。

醫 療

079 🐾 結紮、去勢手術（不孕手術）

如果養貓的目的不是為了繁殖，則「結紮、去勢手術」可以算是飼主的「義務」。貓接受手術的優點包括——預防子宮蓄膿、乳腺腫脹、精巢腫脹、前列腺肥大等致命性疾病；也可預防交配而產生的感染，好讓貓

在無發情狀態下，心情穩定地過日子。對人來說，更無須煩惱小貓不斷增加（貓的繁殖力非常強）、發情期尖銳的叫聲、到處噴撒臭尿的行為。只是，手術後應留意貓身上因荷爾蒙變化所引起的肥胖。

080 🐾 瞬膜

又稱「第三眼瞼」，是位於貓眼上的白膜。平時睜眼的狀態下，會在眼頭尖端露出一點點，如果長時伸出而未縮入，就要考慮傳染病、寄生蟲、發燒、脫水症等身體有恙的各種可能。不過，貓睡覺時伸出瞬膜，純屬正常，請勿驚慌。

081 🐾 口腔炎

口腔內的牙齦或舌頭出現發炎徵兆，引起口臭、流涎、出血等症狀，讓貓疼痛得難以進食，有可能是傳染病、糖尿病或腎臟病等疾病所引發，但也可能是不明原因引起。根治不易，只能採取對症治療法。

082 🐾 狂犬病

受到這名字的影響，很多人會以為它是狗的疾病，但所有的哺乳類都可能感染狂犬病病毒，貓當然也不例外。在此特別一提，

日本最後一起感染狂犬病而發病的病例，是一九五七年發生在一隻貓身上。

083 ❀ 脂肪肝

這是一種肝臟累積了過多脂肪、無法正常發揮功能的疾病。嚴重時，會出現黃疸（眼白和皮膚變成黃色），發生肝衰竭，而危及性命。雖然有時找不到原因，但貓只要出現食慾不振、陷入絕食狀態，就可能突然爆發脂肪肝。

084 ❀ 慢性腎衰竭

是指腎臟組織壞死、無法負起過濾血液的功能，致使體內廢物無法隨尿液排出。壞死的腎臟組織無法復原、無法根治，只能利用食物療法等進行對症治療。這種病會危及性命，貓若出現大量喝水、排出大量稀釋的尿、沒有食慾或變瘦等症狀，需立即就診。

085 ❀ 貓下泌尿道疾病
（Feline Lower Urinary Tract Disease）

這是一種尿道被結石或結晶阻塞、導致排尿困難的疾病，好發於公貓。當貓頻頻上廁所，但排尿時表情十分不舒服；排尿量少，或完全尿不出來；或是在乾掉的尿當中發現結晶等症狀，就要特別注意。一旦排不出尿，導致急性腎衰竭或尿毒症，很可能危及性命。

086 ❀ 貓卡里西病（FCV）

這種病是由「貓卡里西病毒」引起，症狀、感染路徑，以及貓帶原者等特徵，都和貓病毒性鼻氣管炎（FVR）幾乎相同。無論是引發貓鼻氣管炎的貓疱疹病毒或貓卡里西病毒，都會經由人手或衣服傳遞，生命力很強，因此摸完外貓之後一定要洗手。倘若沾到引發肺炎的病毒，一旦變嚴重，貓兒會有性命之危。

087 ❀ 貓披衣菌感染

披衣菌是細菌的一種，一旦感染會引發結膜炎、眼睛流出黏稠的分泌物，好發生於一至九個月大的貓。通常伴隨噴嚏或鼻水症狀，這應該就是感染的主因，也有少數會導致肺炎；以抗生素進行治療，會有成效。

088 ❀ 貓白血病（FeLV）

這是一種免疫反應系統無法健康運作的疾病，與白血病、淋巴腫、貧血等關連很深。它們會經由唾液、血液、精液等體液，以及被咬傷而傳染。有時會出現食慾不振、貧血、傷口不易癒合等多種症狀，但有時不會出現任何症狀，直接讓貓無法抵禦其他的疾病。

089 ❀ 貓傳染性腸炎（FIE）

一種由傳染力極強的「貓泛白血球缺乏症病毒」所引起的疾病，因而也稱貓泛白血球缺乏症（FPL）。病毒會藏在尿、便、唾液中，直接或間接地以貓傳貓。貓會出現病懨懨、食慾不振、嘔吐等症狀；病情若嚴重到嘔吐、引起脫水或血便等症狀，會危及性命。

090 ❀ 貓鼻氣管炎（FVR）

這種病的發病主因是「貓疱疹病毒」，病

毒藏在唾液或鼻水中，藉由打噴嚏或舔毛時傳染。症狀是有氣無力、食慾不振、發燒、打噴嚏、眼睛充血、流鼻水等，但有些貓帶原者即使感染也不會出現症狀。貓通常會自然痊癒，但如果併發支氣管炎或肺炎而造成呼吸困難，就可能危及性命。

091 🐾 貓傳染性腹膜炎（FIP）

這是一種由「貓傳染性腹膜炎病毒」所引起的病症，據說未滿三歲的貓較容易罹患，症狀是食慾不振、腹部腫脹、體重減輕等。貓與貓之間會因直接接觸，或經體液、糞便這類間接接觸而感染，發病後大多致命。

092 🐾 貓免疫不全病毒傳染病（FIV）

這種病會破壞身體的免疫系統，使免疫功能無法運作。感染後會出現腹瀉等症狀，短則數星期，長則一年，之後便轉為「無症狀帶原」狀態。幾年後，貓會因抵抗力低落，出現口腔炎、流涎、腹瀉、傷口不易癒合等症狀，末期階段稱為「貓愛滋」。發病大多來自被咬傷等接觸傳染；此外，它與人類的愛滋病完全不同，人類並不會感染。

093 🐾 混合疫苗

又稱「核心疫苗」，基礎部分為三合一疫苗，它是由貓瘟（貓傳染性腸炎ＦＩＥ）、貓鼻氣管炎（ＦＶＲ）、貓卡里西病（ＦＣＶ）三種疫苗混合製成；三合一之外，增加貓白血病病毒（ＦｅＬＶ），即為四合一疫苗；另外，也有再加上貓披衣菌肺炎疫苗的五合一疫苗。此外，二〇〇八年，日本核准了貓免疫不全病毒（ＦＩＶ）疫苗的使用。

至於核心疫苗以外的接種，則需考量生活環境或居住地區、健康狀況、抗體有無、安全性等因素，與獸醫討論有無接種之必要。（編按：臺灣目前可替貓接種的疫苗有三合一疫苗、五合一疫苗，以及狂犬病疫苗；至於貓免疫不全病毒疫苗，則因保護力尚未證實，而未能使用。）

094 🐾 人畜共通傳染病（zoonosis）

這是一種人與動物會互相傳染的疾病，或是在動物身上不發病、只會傳染到人身上的疾病。飼養貓時，只需要保持一般清潔程度的生活環境，並不用太過神經質。但家有小朋友或懷孕中的女性，應特別留意。許多疾病都是藉由跳蚤或蟎蟲等寄生蟲做媒介而傳染，因此應小心防範跳蚤或蟎蟲的孳生。

095 🐾 蟎

蟎會引起各種疾病，應特別小心預防，像是貓小穿孔疥癬蟲正是人類感染疥癬的原因。疥癬惡化時，貓的臉部或耳朵會有部分脫毛，產生劇烈的痛和癢，背部等皮膚也會乾硬結塊變成鱗片狀、結痂狀。若傳染給人，也會引發極度搔癢。蜱蟲（壁蝨）可用肉眼看見，無論是哪一種蟲，一旦發現，就應對室內環境進行徹底的除蟲工作。

096 🐾 跳蚤

寄生在貓身上的，主要是「貓蚤」；無論再怎麼保持清潔，貓都有被寄生的可能。貓蚤在貓和人身上都會引起搔癢、過敏，並成為感染「貓抓病」等病症的病原體，還會成為其他如犬複孔條蟲等寄生蟲的媒介。飼主

應徹底落實室內環境的整理與衛生管理，這不僅是為了被寄生的貓好，也可藉此切斷貓蚤的生命週期。

097 🐾 貓抓病

人被貓抓、咬的時候，受傷部位附近的淋巴腺偶爾會有大小不等的丘狀腫塊，或出現發燒、食慾不振症狀。這是一種由細菌引發的病症，據說貓與貓之間會藉由跳蚤而感染，但貓身上不會出現症狀。

098 🐾 弓漿蟲症

這也是貓傳人的「人畜共通傳染病」的一種，懷孕中的婦女若被感染，很可能對胎兒造成影響。這種病在貓身上看不出異狀，即使病情嚴重也一樣。此外，這種病對人的傳染力非常薄弱，原因是它寄生在貓的糞便中，如果不會直接接觸糞便，並在貓排便後確實做好衛生管理，就能防止感染。倒是接觸生肉的感染率會比較高，因生肉中大多潛藏著弓漿蟲，處理時務必謹慎小心，以防感染。

099 🐾 巴斯德氏菌病

之所以感染這種病，是因存於貓口中的巴斯德氏菌會藉由貓的抓咬或飛沫，而傳染給人類。巴斯德氏菌是貓體內的正常菌叢，應避免讓貓舔口鼻或過度接觸。貓身上通常沒有什麼症狀，人卻會出現傷口紅腫、感冒症狀，有時病情可能會趨於嚴重。

100 🐾 Q型流感

這是一種叫做「貝納氏立克次體」的病原體所引發的疾病，但貓身上沒有什麼症狀。而且不只是貓，只要接觸了已受感染動物的糞便或尿、胎盤等，而後吸入包含這些部分的沙塵，都很可能傳染給人。這種病和人類的禽流感症狀十分相似，若延遲治療，極可能轉為重病。

（全書完）

感謝幾位模特貓的完美演出：納咕、卡夏、歐瓦利、啾啾、蠶豆、小瑪、烏太

國家圖書館出版品預行編目資料

貓式生活：徹底解讀喵星人的100種狀態
／貓式生活編輯部編著，加藤由子審訂
──初版──臺中市：好讀，2014.10
面；　公分，──（心天地；01）
譯自：貓式生活のすゝめ：貓飼いが知っておきたい100のコト
ISBN 978-986-178-331-4（平裝）

1.貓 2.寵物飼養

437.364　　　　　　　　　　　　　103015618

 好讀出版

心天地 01

貓式生活：徹底解讀喵星人的100種狀態

貓式生活のすゝめ：貓飼いが知っておきたい100のコト

編　　著／貓式生活編輯部
審　　訂／加藤由子
翻　　譯／陳嫻若
總 編 輯／鄧茵茵
文字編輯／簡伊婕
美術編輯／幸會工作室
字形設計／賴維明
發行所／好讀出版有限公司
臺中市407西屯區何厝里19鄰大有街13號
TEL:04-23157795　FAX:04-23144188
http://howdo.morningstar.com.tw
（如對本書編輯或內容有意見，請來電或上網告訴我們）
法律顧問／甘龍強律師

戶名：知己圖書股份有限公司
劃撥專線：15060393
服務專線：04-23595819轉230
傳真專線：04-23597123
E-mail：service@morningstar.com.tw
如需詳細出版書目、訂書、歡迎洽詢
晨星網路書店 http://www.morningstar.com.tw

印刷／啟呈印刷股份有限公司　TEL:04-23110121
初版／西元2014年10月1日
定價／300元
如有破損或裝訂錯誤，請寄回臺中市407工業區30路1號更換
（好讀倉儲部收）

NEKOSHIKI SEIKATSU NO SUSUME
edited by Neko-shiki Seikatsu Henshu-bu
supervised by Yoshiko Kato
Copyright © 2013 by Seibundo
Shinkosha Publishing Co., Ltd.
All rights reserved.

Original Japanese edition published by Seibundo
Shinkosha Publishing Co., Ltd.

This Traditional Chinese language edition
published by arrangement with
Seibundo Shinkosha Publishing Co., Ltd., Tokyo
in care of Tuttle-Mori Agency, Inc., Tokyo
through LEE's Literary Agency, Taipei.

Published by How Do Publishing Co., Ltd.
2014 Printed in Taiwan
All rights reserved.
ISBN 978-986-178-331-4

讀者回函

只要寄回本回函，就能不定時收到晨星出版集團最新電子報及相關優惠活動訊息，並有機會參加抽獎，獲得贈書。因此有電子信箱的讀者，千萬別吝於寫上你的信箱地址

書名：貓式生活：徹底解讀喵星人的100種狀態

姓名：＿＿＿＿＿＿＿＿ 性別：□男□女 生日：＿＿年＿＿月＿＿日

教育程度：＿＿＿＿＿＿＿＿＿＿＿＿＿

職業：□學生 □教師 □一般職員 □企業主管
　　　□家庭主婦 □自由業 □醫護 □軍警 □其他＿＿＿＿＿＿＿＿＿

電子郵件信箱（e-mail）：＿＿＿＿＿＿＿＿＿＿ 電話：＿＿＿＿＿＿

聯絡地址：□□□＿＿＿＿＿＿＿＿＿＿＿＿＿＿＿＿＿＿＿＿

你怎麼發現這本書的？

□書店 □網路書店（哪一個？）＿＿＿＿＿＿□朋友推薦 □學校選書
□報章雜誌報導 □其他＿＿＿＿＿＿＿＿＿＿＿＿＿＿＿

買這本書的原因是：＿＿＿＿＿＿＿＿＿＿＿＿＿＿＿＿

□內容題材深得我心 □價格便宜 □封面與內頁設計很優 □其他＿＿＿＿

你對這本書還有其他意見嗎？請通通告訴我們：

＿＿＿＿＿＿＿＿＿＿＿＿＿＿＿＿＿＿＿＿＿＿＿＿＿＿

你買過幾本好讀的書？（不包括現在這一本）

□沒買過 □ 1 ～ 5 本 □ 6 ～ 10 本 □ 11 ～ 20 本 □太多了

你希望能如何得到更多好讀的出版訊息？

□常寄電子報 □網站常常更新 □常在報章雜誌上看到好讀新書消息
□我有更棒的想法＿＿＿＿＿＿＿＿＿＿＿＿＿＿＿＿＿＿

最後請推薦五個閱讀同好的姓名與 E-mail，讓他們也能收到好讀的近期書訊：

1.＿＿＿＿＿＿＿＿＿＿＿＿＿＿＿＿＿＿＿＿＿＿＿＿＿＿

2.＿＿＿＿＿＿＿＿＿＿＿＿＿＿＿＿＿＿＿＿＿＿＿＿＿＿

3.＿＿＿＿＿＿＿＿＿＿＿＿＿＿＿＿＿＿＿＿＿＿＿＿＿＿

4.＿＿＿＿＿＿＿＿＿＿＿＿＿＿＿＿＿＿＿＿＿＿＿＿＿＿

5.＿＿＿＿＿＿＿＿＿＿＿＿＿＿＿＿＿＿＿＿＿＿＿＿＿＿

我們確實接收到你對好讀的心意了，再次感謝你抽空填寫這份回函
請有空時上網或來信與我們交換意見，好讀出版有限公司編輯部同仁感謝你！

好讀的部落格：http://howdo.morningstar.com.tw/

好讀的臉書粉絲團：http://www.facebook.com/howdobooks

購買好讀出版書籍的方法：

一、先請你上晨星網路書店 http://www.morningstar.com.tw 檢索書目
　　或直接在網上購買

二、以郵政劃撥購書：帳號 15060393 戶名：知己圖書股份有限公司
　　並在通信欄中註明你想買的書名與數量

三、大量訂購者可直接以客服專線洽詢，有專人爲您服務：
　　客服專線： 04-23595819 轉 230 傳眞： 04-23597123

四、客服信箱： service@morningstar.com.tw